Bernhard Fleischer | Hans Theumert

Entwickeln – Konstruieren – Berechnen

Bernhard Fleischer | Hans Theumert

Entwickeln Konstruieren Berechnen

Komplexe praxisnahe Beispiele mit Lösungsvarianten

2., verbesserte Auflage

Mit 119 Abbildungen und 19 Tabellen

STUDIUM

VIEWEG+
TEUBNER

Bibliografische Information der Deutschen Nationalbibliothek
Die Deutsche Nationalbibliothek verzeichnet diese Publikation in der
Deutschen Nationalbibliografie; detaillierte bibliografische Daten sind im Internet über
<http://dnb.d-nb.de> abrufbar.

1. Auflage 2007
2., verbesserte Auflage 2009

Alle Rechte vorbehalten
© Vieweg+Teubner | GWV Fachverlage GmbH, Wiesbaden 2009

Lektorat: Thomas Zipsner | Imke Zander

Vieweg+Teubner ist Teil der Fachverlagsgruppe Springer Science+Business Media.
www.viewegteubner.de

Umschlaggestaltung: KünkelLopka Medienentwicklung, Heidelberg
Technische Redaktion: Stefan Kreickenbaum, Wiesbaden
Druck und buchbinderische Verarbeitung: Krips b.v., Meppel
Gedruckt auf säurefreiem und chlorfrei gebleichtem Papier.
Printed in the Netherlands

ISBN 978-3-8348-0601-7

Vorwort

In der Konstruktionsabteilung eines Unternehmens entstehen ca. 10 % der Gesamtkosten des Produktionsprozesses. Gleichzeitig bestimmt deren Arbeitsergebnis aber ungefähr 75 % des wirtschaftlichen Aufwandes zur Herstellung eines neuen Produktes. Die Betrachtung von Fehlerbehebungskosten verdeutlicht die besondere wirtschaftliche Stellung der Konstruktionsabteilung: Nach der so genannten Zehnerregel des Qualitätsmanagements müssen für die Beseitigung eines Fehlers, die in der Konstruktion noch 10 Cent ausmachen würde, über die Planung, Fertigung und Rückholung beim Kunden schließlich 100 € aufgebracht werden. Das zwingt zu einer größtmöglichen Optimierung der Entwicklungen. Das systematische Abarbeiten der Konstruktionsschritte im Rahmen des „Methodischen Konstruierens" führt zu den geforderten optimierten Lösungen. Weiterer wesentlicher Aspekt ist die Stellung als Hochlohnland. Um in einem globalen Wettbewerb konkurrenzfähig zu bleiben, kann ein im Vergleich hoher Verkaufspreis nur über ein innovatives Produkt erzielt werden. Dies gelingt heute und in der Zukunft nicht mit Lösungen ‚von gestern'.

Das Methodische Konstruieren vollzieht sich in Anlehnung an die VDI-Richtlinie 2221 in den Phasen *Analysieren, Konzipieren, Entwerfen, Ausarbeiten*. Die Umsetzung einer Konstruktion von den Kundenanforderungen bis hin zu Werkstattzeichnungen verlangt die Beherrschung einer großen Bandbreite technischer Disziplinen. So muss der Konstrukteur in der Analyse- und Konzeptionsphase über Kenntnisse im Bereich Entwicklungsverfahren verfügen, um sinnvolle Gestaltungsalternativen begründen und rational gegeneinander abwägen zu können. Die Entwurfsphase bedingt gefestigte Kenntnisse der technischen Mechanik. Ebenso gehört die Berechnung standardisierter Maschinenelemente wie Achsen, Wellen und Schrauben zum Repertoire des entwickelnden Konstrukteurs. Das Ausarbeiten erfordert das Beherrschen des technischen Zeichnens einschließlich eines sicheren Umgangs mit Normen unter Beachtung fertigungsgerechter Realisierungsmöglichkeiten.

Zu den genannten Wissensgebieten finden sich zahlreiche Standardwerke. Jedoch sucht man vergeblich nach einem Lehrwerk, in dem exemplarisch der komplette Konstruktionsprozess dargestellt wird. Gerade mit der Komplexität des Entwicklungsprozesses und der Zergliederung in die einzelnen Fachdisziplinen ist der junge Konstrukteur häufig überfordert. Er weiß sich zwar innerhalb der einzelnen Fachdisziplinen zu bewegen, hat aber noch nicht den Blick für das große Ganze. Vielmehr verliert er sich in den einzelnen Teilgebieten und erkennt nicht die Abhängigkeiten und Auswirkungen getroffener Entscheidungen. Negativ begünstigt wird dieser Umstand durch eine Lehre, in der die Teildisziplinen isoliert voneinander unterrichtet und geprüft werden. So ‚bezahlt' der angehende Konstrukteur viel ‚Lehrgeld', bis er aus einem wachsenden Erfahrungsschatz heraus einen zunehmend optimierten Lösungsweg realisiert.

Dieses Buch schließt die beschriebene Lücke. Der komplexe Entwicklungsprozess wird beginnend mit den Anforderungen des Kunden bis hin zu den fertigungsgerechten Werkstattzeichnungen dargestellt. In der systematischen Abarbeitung des gestellten konstruktiven Problems erfolgt die Vorstellung zahlreicher Alternativen. Diese werden in ihren Vor- und Nachteilen sowie in ihren Auswirkungen auf die endgültige Konstruktion hin analysiert, um dem Studierenden die Auswirkungen und Konsequenzen getroffener Entscheidungen zu verdeutlichen.

Das vorliegende Werk setzt ein Grundwissen der angesprochenen Teildisziplinen voraus und führt diese im Rahmen des Methodischen Konstruierens nach VDI 2221 an exemplarischen Beispielen zusammen. Die Aufgaben sind in Umfang und Anspruch ansteigend. Bei der Berechnung von Maschinenelementen erfolgte eine konsequente Ausrichtung am Lehrbuch Maschinenelemente von Roloff/Matek in der 18. Auflage. Das Buch versteht sich als Ergänzung zu diesem Standardwerk der Ingenieurs- und Fachschulausbildung. Entsprechend nehmen die Berechnungen den größten Teil des Buches ein. In den einzelnen Berechnungen werden die Gleichungen mit den entsprechenden Nummern des benannten Fachbuchs gekennzeichnet, um ein schnelles Wiederfinden und damit ein erfolgreiches Nacharbeiten zu gewährleisten. Besonderen Wert legen die Autoren auf Erläuterungen zu den Gleichungen und Entscheidungen im Umgang mit dem zugehörigen Tabellenbuch, um den Leser zu einem eigenverantwortlichen sicheren Handeln mit den Berechnungsalgorithmen zu führen.

Alle in der Praxis vordringlich bedeutsamen Maschinenelemente inklusive der Schweißverbindungen werden dargestellt, um dem jungen Konstrukteur ein großes Berechnungsrepertoire an die Hand zu geben. Das Werk richtet sich auf Grund seiner Konzeption an Studenten der Fachhochschulen und technischen Hochschulen als auch an die Studierenden der Fachschule Maschinenbautechnik. Es kann zugleich als Lehrbuch wie auch als Literatur zum Selbststudium Einsatz finden. Neben dem Bearbeiten komplexer Konstruktionen bietet sich auch das Studium einzelner Themen an (vgl. Stichwortverzeichnis). Weitere Ergänzungen finden sich im Internet unter www.viewegteubner.de. Der Buchtitel ist mit einem Link verknüpft (OnlinePLUS).

Ein besonderer Dank gilt den Studierenden der Fachschule Maschinenbautechnik in Mönchengladbach, die durch ihre kritischen Fragen die Aufmerksamkeit auf die wesentlichen Aspekte der Vermittlung der Konstrukteurstätigkeit gelenkt haben. Weiterer Dank gilt dem Lektor Herrn Dipl.-Ing. Thomas Zipsner, der die Realisierung dieses Buches in jeder Phase kompetent unterstützt hat.

Der Stand der Normen orientiert sich an der aktuellen Ausgabe des Lehrbuches Maschinenelemente von Roloff/Matek. Trotz aller Sorgfalt können Druck- und Zeichnungsfehler nie ausgeschlossen werden. Auch sind wie immer bei Vermittlungsprozessen Verbesserungen denkbar. Für Vorschläge und Anmerkungen sind die Autoren dankbar. Eine Kontaktaufnahme kann über den Verlag erfolgen: thomas.zipsner@viewegteubner.de.

Krefeld, Willich im Sommer 2007   *Hans Theumert*
                                                                         Bernhard Fleischer

Vorwort zur 2. Auflage

Die große Nachfrage nach diesem Titel hat eine zeitnahe zweite Auflage erfordert. Überarbeitet wurden hierfür im Besonderen die technischen Darstellungen. Die in diesem Buch entwickelten Baugruppen sind im Onlineportal des Verlags als 3D-Modelle verfügbar (http://www.viewegteubner.de). Weiter stehen für unterrichtliche Zwecke alle Bilder zum Download bereit. Die Berechnungen wurden visuell optimiert. Hauptformeln unterscheiden sich von Nebenformeln durch graue Unterlegung, um die Orientierung in den zum Teil stark verknüpften Formelzusammenhängen zu verbessern.

Aus der Unterrichtsarbeit und den zahlreichen konstruktiven Rückmeldungen an den Verlag wurden Hinweise präzisiert oder ergänzt. Zur Verdeutlichung der Ideenfindungsphase wurden in den Kapiteln 4 und 5 durchgeführte Verfahren zur Bildung von Lösungsvarianten aufgenommen.

Krefeld, Willich im Frühjahr 2009   *Bernhard Fleischer*
                                                                         Hans Theumert

Inhaltsverzeichnis

Stichwortverzeichnis

Wo finde ich was?

Aufbau und Vorgehensweise des Buches

Bei den hier vorgestellten Aufgaben der Kapitel 1, 3 und 5 handelt es sich um „konstruktive Übungen", die von den Studenten zum größten Teil außerhalb des Seminars bzw. Unterrichts erarbeitet werden. Als Arbeitsaufwand hierfür sind 40 bis 60 Stunden vorgesehen. Mit den Kapiteln 2, 4 und 6 wird jeweils eine Klausuraufgabe nachgestellt, die der Lernzielkontrolle für die in den Übungen erarbeiteten Themenbereiche dient. Als Bearbeitungszeit sind 4 Unterrichtsstunden angedacht. Ein mögliches Bewertungsschema für alle Aufgaben befindet sich im Anhang (A-1, A-2). Die im Weiteren beschriebene systematische Vorgehensweise findet in allen konstruktiven Übungen ihre konsequente Umsetzung.

Phasen des Methodischen Konstruierens

Alle konstruktiven Übungen müssen bestimmte Formalien der Vorgehensweise erfüllen, wie sie von der VDI 2221 vorgegeben werden. Der Konstruktionsprozess unterteilt sich in die Phasen *Analysieren, Konzipieren, Entwerfen, Ausarbeiten*. Die einzelnen Tätigkeitsschritte innerhalb dieser Phasen stellen sich wie folgt dar:

Analysieren
- Erstellung einer *Anforderungsliste* (vgl. Tabelle 0-1 und Anhang A-3)
- Abstrahierung des zu entwickelnden Systems als *Black-Box-Darstellung* (vgl. Bild 0-1)
- *Funktionsanalyse*, d. h. Gliederung des Gesamtsystems in unabhängige Subsysteme

Konzipieren
- *Bildung von Lösungsvarianten* zu den Subsystemen mittels Ideenfindungsmethoden
- Entwicklung eines *Morphologischen Kastens* zum Kombinieren der Einzellösungen
- *Bewertung der Varianten* mittels Nutzwertanalyse (vgl. A-5, A-6) oder anderer Verfahren und Festlegung des endgültigen Konzepts

Entwerfen
- Entwickeln von Skizzen der endgültigen Lösung
- Überschlägige Berechnungen zur Festlegung der Bauteildimensionierungen

Ausarbeiten
- Durchführung aller notwendigen *Berechnungen*
- Erstellung der *technischen Dokumentation* (Zeichnungssatz, Stücklisten etc.)

Anforderungsliste

Tabelle 0-1 Aufbau einer Anforderungsliste

F = Forderung W = Wunsch	Nr.	Anforderungen	Datum:	verantwortlich:
F	01			
W	02			

In der Anforderungsliste sind alle konstruktiven Rahmenbedingungen aufzuführen, die sich aus der Aufgabenstellung bzw. den Kundenforderungen und aus anderen Notwendigkeiten ergeben. Solche Anforderungen resultieren z.B. aus behördlichen Vorgaben wie den Unfall-verhütungsvorschriften oder aus allgemeinen Konstruktionsrichtlinien. Die Anforderungen sind entsprechend ihrer Wichtigkeit zu kennzeichnen. Ebenso sind das Erstellungsdatum und die jeweiligen Ersteller anzugeben. Durch diese Vorgehensweise werden Verbindlichkeiten geschaffen und Verantwortlichkeiten festgelegt. Eine solche Anforderungsliste muss während des gesamten Konstruktionsvorgangs ergänzt werden können, um mögliche neue Einsichten nachzutragen. Weitere Anforderungen können sich aus Gesprächen zwischen Lehrenden und Lernenden bzw. Kunde und Auftragnehmer ergeben. Ein Teil der Anforderungen lässt sich auch aus der Black-Box-Darstellung des zu entwickelnden technischen Systems ableiten.

Black-Box-Darstellung

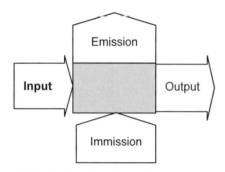

Bild 0-1 Black-Box-Darstellung

Diese erste grobe Systemdarstellung muss zu allen konstruktiven Übungsaufgaben erstellt werden. Sie dient dazu, das zu entwickelnde System „von außen" und unabhängig von irgendwelchen Vorbildern zu betrachten, um möglichst eigenständige innovative Lösungen zu erreichen.

Als *Emission* werden alle vom System ausgehenden denkbaren negativen Einflüsse auf die Umwelt ver-standen und aufgelistet, die bei der konstruktiven Gestaltung berücksichtigt werden müssen, da sie eine Inbetriebnahme bzw. eine Betriebserlaubnis gefährden. Dies können Unfallgefahren wie bei-spielsweise Quetschgefahren sein oder elektromag-netische Felder, die andere Systeme negativ beein-flussen.

Als *Immission* werden alle denkbaren Umwelteinflüsse gekennzeichnet und aufgeführt, die auf das System einwirken können und die bei der konstruktiven Gestaltung berücksichtigt werden müssen. Hierzu gehören Vorschriften, die von Behörden erlassen werden, ohne deren Einhal-tung das zu erstellende System nicht in Betrieb genommen werden kann und/oder darf.

Die Aufführungen der *Emissionen* und *Immissionen* können bei dieser Anfangsbetrachtung nicht als abgeschlossen gelten. Sie müssen fortgeschrieben werden, sobald während der Entwicklung und Konstruktion neue Erkenntnisse gewonnen werden. In der Praxis wird empfohlen diese Dokumentation über den gesamten Entstehungsprozess, einschließlich der Inbetriebnahme, fortzuschreiben. Bei Folgeaufträgen kann auf diese Kenntnisse zurückgriffen werden.

Unter dem *Input* werden alle Faktoren verstanden, die von außen in das System gelangen. Sie werden unterteilt in die Obergruppen Stoff, Energie und Information. Ebenso versteht sich der *Output* als Systemgrenze mit denselben Kategorien Stoff, Energie und Information.

Funktionsanalyse

Die Durchführung der Funktionsanalyse hat als Ziel die Ermittlung der Einzelfunktionen, die von dem zu entwickelnden System erfüllt werden müssen. Diese Abstrahierung ist die Basis der späteren Ideenfindung und gliedert das komplexe technische Problem in überschaubare Einzelprobleme, die in einer späteren Phase wieder zum komplexen System zusammengeführt werden. Die Funktionsanalyse wird von Studienbeginnern als schwierig empfunden, ist aber notwendig, um bei der Bildung von Varianten optimierte Lösungen zu entwickeln. Aus der Lehrerfahrung heraus wird empfohlen, die Struktur eines vorhandenen Konstruktionsbeispiels durch die Auflistung der vorgefundenen Strukturelemente zu beschreiben. Bei einigen Konstruktionsaufgaben (z. B. Vorrichtungen) müssen auch Handhabungsschritte berücksichtigt werden. Diesen Strukturelementen werden dann ihre Funktionen zugeordnet. Sie sollen so allgemein formuliert sein, dass zunächst keine noch so ausgefallene Lösungsmöglichkeit ausgeschlossen wird. Nachteilig ist eine zu detaillierte Gliederung in Einzelfunktionen. Dann besteht die Gefahr, dass nur Varianten entwickelt werden, die zu sehr an die Struktur der Vorlage angelehnt sind und keine innovative Neuerung ermöglichen.

Bildung von Lösungsvarianten

Für die in der Funktionsanalyse ermittelten Einzelfunktionen sucht der Studierende entsprechende Realisierungsmöglichkeiten. Methoden hierzu sind die zahlreichen Variationen des bekannten Brainstorming (vgl. Beispiel Kap. 4). Aber auch so genannte Konstruktionskataloge können wertvolle Hilfe sein. In ihnen sind grundsätzliche Realisierungsmöglichkeiten technischer Prinzipien dargestellt. Und auch die Analyse bereits vorhandener entsprechender oder ähnlicher Produkte bzw. Baugruppen sollte Ausgangspunkt der Lösungssuche sein. Wichtig ist bei der Lösungssuche immer, dass hier noch keine Bewertung stattfindet. Dann neigt der Studierende zum vorschnellen Aussortieren von Lösungen, die sich späterhin als sehr brauchbar erweisen können.

Diese Arbeitsweise zwingt den Studierenden zum Zurückstellen seiner ersten innovativen Lösung und begünstigt die Entwicklung vielfältiger Varianten. Die Ideenfindungsphase fällt den Lernenden wegen der mangelnden Einsicht in die Vorteile erfahrungsgemäß zunächst schwer. Dies führt oft dazu, dass dann trotzdem die erste Eingebung einer technischen Lösung verfolgt wird. Andere Lösungsmöglichkeiten werden dann bewusst oder unbewusst ignoriert. Einsicht in die Notwendigkeit der Entwicklung vielfältiger Lösungsmöglichkeiten erlangt der Studierende jedoch in der Bewertungsphase, wenn sich die eigene vorgefasste Idee in sachlicher Betrachtung doch nicht als die optimale darstellt.

Morphologischer Kasten

Zur Bildung von Lösungsvarianten wird ein Morphologischer Kasten entwickelt. Diese Methode erlaubt es, eine Vielzahl von bekannten oder genormten Ausprägungen der zu erfüllenden Einzelfunktionen zu kombinieren. Durch Kombinationen der einzelnen Ausprägungen können dann mehrere optimierte Lösungen ermittelt und übersichtlich dargestellt werden. Diese werden durch eine Vorauswahl auf wenige sinnvolle Varianten reduziert, um sie anschließend einem Bewertungsverfahren zu unterziehen. Zur Strukturierung gibt es weitere Methoden wie beispielsweise den Lösungsbaum. Hier sei auf die einschlägige weiterführende Literatur verwiesen.

Bewertung der Varianten

Die im Morphologischen Kasten festgelegten guten Lösungen werden mit Hilfe der Nutzwertanalyse (vgl. Anhang A-5, A-6) oder eines anderen geeigneten Verfahrens beurteilt. Diese Vorgehensweise verhindert die Durchsetzung der ersten innovativen Ansätze zur Problemlösung, wenn diese den Kriterien nicht standhalten. Die Nutzwertanalyse führt unter den gegebenen Rahmenbedingungen zu einer optimalen Lösung. Als Kriterien werden hier in der Regel Kosten, Funktions- und Betriebssicherheit herangezogen. Weitere Kriterien wie kundenspezifische Wünsche können ergänzt werden. Es gibt weitere nicht so stark differenzierende Bewertungsmethoden wie der Vorteil-Nachteil-Vergleich oder der Paarweise Vergleich.

Entwerfen

Nach der Festlegung des Lösungsprinzips werden mit Hilfe erster Skizzen überschlägige Berechnungen durchgeführt, um die wesentlichen Abmaße der Konstruktion bestimmen zu können. Mit diesen Informationen kann die Konstruktion weiter aufgebaut werden; und zwar von „innen nach außen". So sollen bei einer Getriebekonstruktion zunächst der Wellendurchmesser und die Lager dimensioniert werden. Dann erst werden notwendige Zahnradgrößen etc. ermittelt. Durch diese Vorgehensweise wird die Zahl der Iterationsschritte und Überarbeitungen überschaubar gehalten und damit auch Kosten gespart.

Einem Neuling in der Konstruktion stellt sich das vermeintliche Phänomen dar, dass im Zuge der Entwicklung Berechnungen stetig an die neuen Verhältnisse und Erkenntnisse angepasst werden müssen. Dies wirkt zunächst irritierend, da in der vorhergehenden Schullaufbahn in vielen naturwissenschaftlichen Fächern eingeübt wurde, dass es zu einem Problem oft nur einen rechnerischen Weg gibt, der auch nur zu einem definierten Ergebnis führt. Verstärkt wird dies noch durch die Erkenntnis, dass zu einem technischen Problem mitunter höchst unterschiedliche Realisierungsmöglichkeiten bestehen. Oft resultiert hieraus der Wunsch nach einer Art „Patentrezept" aus der Angst heraus, sich in den vielfältigen Möglichkeiten zu verirren. Daher gehört es zur Vorgehensweise dieses Buches, den Leser von zunächst überschaubaren kleinen Problemstellungen zu komplexeren Aufgaben zu leiten. Zudem sollte das ständige Überarbeiten und schrittweise Annähern an die endgültige Lösung dem Studierenden durch den Lehrenden als immanente Begleiterscheinung des Konstruktionsprozesses nahe gebracht werden: ‚Konstruieren heißt Radieren‘, bzw. heute beim Einsatz von CAD ‚Ändern‘.

Berechnungen

Grundlage der endgültigen Festigkeitsnachweise im Rahmen einer Dokumentation ist die Übersichtszeichnung. Aus ihr werden alle zentralen Maße abgenommen. Die einzelnen Berechnungsschritte müssen durch die Studierenden durch entsprechende Skizzen verdeutlicht werden. Dies hilft dem Lehrenden bei der Überprüfung und Besprechung der Ergebnisse als auch dem Lernenden, um seine Arbeit zu einem späteren Zeitpunkt gut nachvollziehen zu können. Berechnete Werte sollen in der Genauigkeit denen der Vorgaben angemessen sein. Im Zweifel wird auf den ungünstigsten Wert für die Festigkeit auf- bzw. abgerundet. So werden z. B. Gewichtskräfte eventuell aufgerundet und Widersandsmomente abgerundet. Stark gerundete Werte sind nachfolgend in der Regel durch ‚≈‘ gekennzeichnet.

Überwiegend statische Beanspruchungen werden in diesem Buch grundsätzlich als schwellend ausgelegt. Dadurch liegen die Berechnungen in Grenzfällen immer auf der ‚sicheren Seite‘. Die Philosophie der ‚sicheren Seite‘ findet immer auch Anwendung, wenn Rahmenbedingungen nur unvollständig geklärt werden können oder der Kraftfluss nicht eindeutig ist etc.

In den Berechnungsgängen dieses Buches wird, wo sinnvoll, zunächst eine Hauptformel eines Rechnungsgangs dargestellt. Dem schließen sich die jeweils notwendigen untergeordneten Berechnungen in logischer Reihenfolge an. Alle Berechnungsgleichungen und Tabellenwerte sind entsprechend dem Lehrbuch Maschinenelemente Roloff/Matek gekennzeichnet. Wesentliche Entscheidungen werden dargestellt und erläutert. Die Abkürzungen verstehen sich wie folgt:

- Gl ……. Gleichung nach Lehrbuch Maschinenelemente
- TB …… Tabelle entsprechend zugehörigem Tabellenbuch
- R/M: … Hinweis auf bestimmte Stellen des Lehrbuches Maschinenelemente

Technische Dokumentation

Hier werden der fertigungsgerechte Zeichnungssatz mit Stücklisten sowie möglicherweise notwendige technische Dokumentationen erstellt. Ausgangspunkt bildet die maßstäbliche Übersichtszeichnung, die rechentechnisch abgesichert ist. Von ihr werden alle Baugruppen und Bauteile abgeleitet. Es sei im Besonderen erwähnt, dass eine Kenntnis der fertigungstechnischen Besonderheiten des jeweiligen Betriebs ein wichtiges Hintergrundwissen des Konstrukteurs darstellt. Durch seine Zeichnungsvorgaben beeinflusst er die Kosten eines Produktes erheblich. Beispielsweise zu fein gewählte Oberflächengüten oder zu genaue Tolerierungen können das Produkt im Konkurrenzkampf preislich unterlegen machen. Hier gilt: ‚So grob wie möglich, so fein wie nötig‘.

Die technischen Darstellungen innerhalb dieses Buches sind teilweise erheblich reduziert. Dies begründet sich in der Notwendigkeit großformatige Zeichnungen noch aussagekräftig in ein Buchformat zu überführen. Parallel zu diesem Buch kann der interessierte Leser weitere technische Unterlagen über das im Vorwort benannte Internetportal herunterladen.

Zu den Aufgaben zur Lernzielkontrolle

Die zu den konstruktiven Übungen geforderten Formalien der Vorgehensweise können natürlich in dem zur Verfügung stehenden Zeitrahmen für Prüfungen als Lernzielkontrollen nicht eingehalten werden. Die entsprechenden methodischen Vorüberlegungen werden von den Studierenden aber gedanklich erbracht, jedoch ohne sie zu dokumentieren. In den hier vorgestellten Aufgaben wird zum besseren Verständnis die Vorgehensweise aber begründet.

Zu den Themenbereichen der Aufgaben

Die im Buch vorgestellten Aufgaben sind nach Schwierigkeitsgrad geordnet, so dass auch der Studienanfänger den Einstieg findet. In Kapitel 1 und 2 werden Grundkenntnisse in der Auslegung und Berechnung von einfachen Maschinenelementen vermittelt. Die konstruktiven Anforderungen werden durch die Aufgabenstellung bewusst gering gehalten. Trotzdem wird auch hier bereits eine Konstruktionssystematik verlangt. Die Aufgaben der Kapitel 3 und 4 stellen

die Gestaltung und Berechnung von aufwändigen Schweißkonstruktionen, Wellen und Wälz-
lagerungen vor. Die Kapitel 5 und 6 sind der Gestaltung und Berechnung von Zahnradgetrie-
ben gewidmet.

Zur Bewertung von konstruktiven Übungen und Prüfungen

Die Kriterien, die zur Bewertung der hier vorgestellten Aufgaben von Studierenden herangezogen werden, sind im Anhang aufgeführt (vgl. A-1, A-2). Es werden Einzelnoten für den
Grad der Erfüllung der einzelnen Kriterien vergeben und mit Hilfe einer Wertzahl unterschiedlich gewichtet. Die Größe der Wertzahl richtet sich nach Höhe der Anforderungen der jeweiligen Bereiche entsprechend dem Ausbildungsstand. Sinnvollerweise erfolgt bei den ersten
eigenständigen Übungen eine höhere Gewichtung für die Einhaltung der Formalien der Konstruktionssystematik und die Ausführung der Konstruktionszeichnung. Gegen Ende der Ausbildung wird die Gestaltung und die Richtigkeit sowie Vollständigkeit der Berechnung höher
bewertet.

Empfohlene Begleitliteratur

Dieses Buch schließt die Lücke zwischen den einzelnen Fachgebieten als isolierte Wissen-
schaftsbereiche und den komplexen Anforderungen des methodengeleiteten Konstruktionsprozesses. Nachfolgend findet sich eine Auflistung von Standardliteratur, die aus Autorensicht
eine gute Orientierung zum geforderten Hintergrundwissen leistet.

Muhs, D., Wittel, H., Jannasch, D., Voßiek, J.: *Roloff/Matek Maschinenelemente*. 18. Auflage.
Wiesbaden: Vieweg Verlag, 2007

Hoischen, H., Hesser, W.: *Technisches Zeichnen*. 31. Auflage. Berlin: Cornelsen, 2007

Labisch, S., Weber, C.: *Technisches Zeichnen*. 3. Auflage. Wiesbaden: Vieweg Verlag, 2007

Böge, A.: *Technische Mechanik*. 27. Auflage. Wiesbaden: Vieweg Verlag, 2006

Conrad, K.-J.: *Grundlagen der Konstruktionslehre*. 4. Auflage. München: Hanser Verlag, 2008

VDI 2221: *Methodik zum Entwickeln und Konstruieren technischer Systeme und Produkte*,
1993-05. Düsseldorf: VDI Verlag

VDI 2222: *Konstruktionsmethodik – Methodisches Entwickeln von Lösungsprinzipien*, 1997-
2006. Düsseldorf: VDI Verlag

Gieck, K., Gieck, R.: *Technische Formelsammlung*. 31. Auflage. Germeringen: Gieck Verlag,
2005

1 Konstruktion einer Bohrvorrichtung

1.1 Aufgabenstellung

Zur Fertigung der 9 mm-Bohrungen des abgebildeten Flansches aus S235JR nach Bild 1-1 auf einer Einspindel-Bohrmaschine ist eine Vorrichtung zu konstruieren. Die Vorrichtung soll entsprechend Bild 1-2 aufgebaut sein. Der Flansch wird mit einer waagerecht angeordneten Gewindespindel über einen Winkelhebel gespannt. Die Betätigung der Gewindespindel erfolgt über einen Kreuzgriff DIN 6335 bei einer Handkraft $F_H \approx 150$ N. Dieser Griff ist mittels Querstift mit der Spindel verbunden.

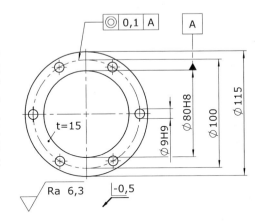

Bild 1-1 Flansch

Die Ausrichtung des Flansches für jede neu zu erstellende Bohrung wird über einen Rastbolzen, der in eine schon gefertigte Bohrung einrastet, erfolgen. Die Spannkraft auf den Flansch beträgt 2,5 kN und muss, ohne Spannmarken zu hinterlassen, auf das Werkstück übertragen werden. Auch muss die in Bild 1-1 geforderte Toleranz eingehalten werden. Die Halterungen für die Flanschmutter, den Winkelhebel und die Bohrbuchse sollen mit der Grundplatte verschweißt werden. Die Losgröße beträgt 5000 Stück.

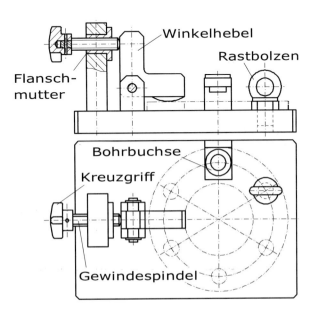

Bild 1-2
Prinzipskizze der Bohrvorrichtung

1.2 Lösungsfindung

1.2.1 Anforderungsliste

Zunächst müssen gemäß dem vorgestellten Kapitel „Aufbau und Vorgehensweise des Buches"
die Anforderungen an die Konstruktion definiert werden (siehe auch Hinweise zu Aufbau und
Vorgehensweise des Buches).

Tabelle 1-1 Anforderungsliste

F =Forderung W = Wunsch	Nr.	Anforderungen	Datum:	verantwortlich:
F	01	zu fertigende Losgröße: 5000 Stück		lt. Aufgabe
F	02	Fertigung auf einer Einspindel-Säulenbohrmaschine		lt. Aufgabe
F	03	Spannkraft am Werkstück F_{Sp} = 2500 N		lt. Aufgabe
F	04	Einleitung der Spannkraft gemäß Prinzipskizze (vgl. Bild 1-1)		lt. Aufgabe
F	05	maximal aufzubringendes Drehmoment von Hand T = 15 Nm		lt. Aufgabe
F	06	die Übertragung der Handkraft auf die Spindel muss über einen Kreuzgriff DIN 6335 mit Querstift erfolgen		lt. Aufgabe
F	07	die Vorrichtung soll auf einem Standard-Maschinentisch spannbar sein		Prüfling
W	08	Herstellungskosten max. 1200,- €		Prüfling
W	09	Änderung der Bohrposition max. 3 s		Prüfling
W	10	Werkstückwechsel max. 3 s		Prüfling
F	11	Verhinderung von Spannmarken am Werkstück		lt. Aufgabe
F	12	Funktionselemente mit Grundplatte verschweißt		lt. Aufgabe
W	13	möglichst Normteile und Fertigteile einsetzen		lt. Aufgabe
F	14	Späne mittels Pressluft entfernbar		lt. Aufgabe
einverstanden:			Fachschule für Technik Maschinenbautechnik	Blatt:1 von 1

1.2.2 Black-Box-Darstellung

Nach Festlegung der zentralen Anforderungen wird das zu entwickelnde technische System lösungsneutral mittels der Black Box dargestellt.

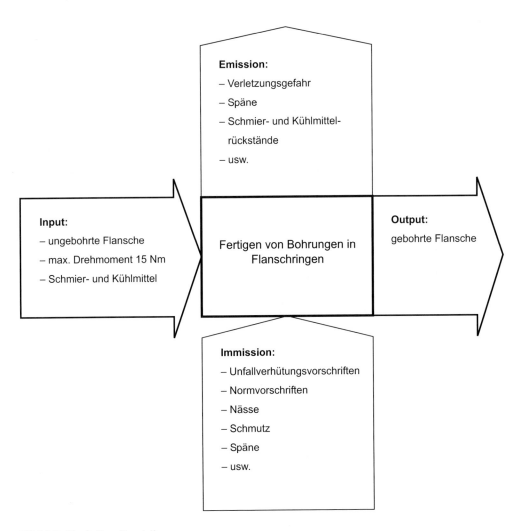

Bild 1-3 Black-Box-Darstellung

1.2.3 Funktionsanalyse

Die für den Bearbeitungsvorgang von der Vorrichtung zu erfüllenden notwendigen Einzelfunktionen werden hier von den aufgelisteten einzelnen Handhabungs- und Bearbeitungs-
schritten abgeleitet, die für die Durchführung der beschriebenen Arbeit notwendig sind. Die
generelle Vollständigkeit im Sinne der Aufgabenstellung kann überprüft werden, indem in
Gedanken eine anders geartete Vorrichtung (z. B. eine Fräs- oder Schweißvorrichtung) nach
diesen Einzelfunktionen ausgerichtet wird.

Tabelle 1-2 Funktionsanalyse

Nr.	Handhabungs- und Bearbeitungsschritte	Einzelfunktion
01	Entnehmen des Flansches und auf den Maschinentisch legen	Einbringen der Werkstücke in die Vorrichtung
02	Flansch in Bohrposition ausrichten	Positionierung der Werkstücke in der Vorrichtung
03	evtl. Überprüfen der richtigen Bearbeitungs-lage, wenn nur von einer Seite gebohrt werden kann	Vermeidung falschen Einlegens des Werkstücks
04	Spannen des Flansches mittels Maschinen-schraubstock	Festlegen des Werkstücks
05	Verlaufen des Bohrers verhindern	Führen des Werkzeugs
06	Fertigen weiterer Bohrungen	Änderung der Bearbeitungsposition
07	Lösen des Schraubstocks	Lösen des Werkstücks
08	Werkstück dem Schraubstock entnehmen	Ausbringen der Werkstücke aus der Vorrichtung
09	Anordnen der Einzelteile auf einer Grund-platte	Aufnahme von Kräften und Funktionselementen
10	Festspannen des Schraubstocks auf dem Bohrmaschinentisch	Festlegen der Vorrichtung auf dem Maschinen-tisch

1.2.4 Morphologischer Kasten zur Variantenbildung

Den ermittelten Einzelfunktionen werden mittels geeigneter Ideenfindungsmethoden Lösungen
zugeordnet. Dem schließt sich die Bildung von mindesten zwei sinnvollen Varianten an.

Tabelle 1-3 Morphologischer Kasten

Varianten → / ↓ Einzelfunktionen	Variante A	Variante B	Variante C
01 Einbringen der Werkstücke in die Vorrichtung	von Hand	Magazin mit pneumatischer Zuteilung	Handhabungs-roboter
02 Positionierung der Werkstücke in der Vorrichtung	über die zentrische Bohrung mittels zylindrischen feststehenden Dorn	über die zentrische Bohrung mittels zylindrischen versenkbaren Dorn	Prismatische Aufnahme
03 Vermeidung falschen Einlegens des Werkstücks	**entfällt, da beide Seiten des Flansches gleich sind**		
04 Festlegen des Werkstücks	Gewindespindel und Kipphebel	**durch Aufgabenstellung festgelegt**	
05 Führen der Werkzeuge	Bohrbuchse	**durch Aufgabenstellung festgelegt**	
06 Änderung der Bearbeitungsposition	Drehen des Flansches von Hand und Positionierung über einen in die gefertigte Bohrung eingesteckten Bolzen	Drehen des Flansches von Hand und Positionierung über einen in die gefertigte Bohrung einrastenden federbelasteten Bolzen	Drehen der Vorrichtung mit Hilfe eines Drehtellers mit Teilkopf
07 Lösen des Werkstücks	von Hand über Lösen der Gewindespindel	**durch Aufgabenstellung festgelegt**	
08 Ausbringen der Werkstücke aus der Vorrichtung	von Hand	Handhabungsroboter	
09 Aufnahme von Kräften und Funktionselementen	Grundplatte	Gehäuse	Maschinentisch
10 Festlegen der Vorrichtung auf dem Maschinentisch	mittels Spanneisen	Langlöcher in der Grundplatte mit Schrauben und T-Nut-Muttern	

1.2.5 Bewertung der Varianten

Zur Bewertung der Varianten werden nur die Ausprägungen der Einzelfunktionen herangezogen, die gut geeignet und aufeinander abgestimmt sind. Unter Funktion wurde die funktionale Ausprägung bewertet, die eine Fertigungszeiteinsparung gegenüber der anderen Variante ergab. Da der Kostenrahmen großzügig ist und die Sicherheit im Vordergrund steht (Personengefährdung), werden die Kosten 1-fach und die Funktion 2-fach gewichtet.

Tabelle 1-4 Nutzwertanalyse

Einzelfunktionen	**Variante A** K = Kosten 1-fach F = Funktion 2-fach W = Wertzahl			**Variante B** K = 1 Kosten F = Funktion 2-fach W = Wertzahl		
	K	F	W = K + F	K	F	W = K + F
01	**von Hand** eine automatische Zuteilung ist hier nicht wirtschaftlich			**von Hand**		
02	**feststehender Dorn** als Zentrierung erfordert ein weites Zurückdrehen der Gewindespindel um den Flansch über diese Zentrierung heben zu können	$1 \times 3 = 3$	$2 \times 2 = 4$	$3 + 4 = 7$	**versenkbarer Dorn** schnelleres Einlegen und Entnehmen des Werkstücks durch Zurückdrücken der Zentrierung. Eine halbe Umdrehung der Gewindespindel reicht aus um den Flansch zu lösen
03	entfällt, da beide Seiten des Flansches gleich sind					
04	**Gewindespindel und Kipphebel**			durch Aufgabenstellung festgelegt		
05	**Bohrbuchse**			durch Aufgabenstellung festgelegt		
06	**von Hand eingesteckter Bolzen**	$1 \times 3 = 3$	$2 \times 2 = 4$	$3 + 4 = 7$	**selbständig einrastender federbelasteter Bolzen** schnellere Änderung der Bearbeitungsposition
07	**von Hand über Lösen der Gewindespindel**			durch Aufgabenstellung festgelegt		
08	**von Hand** eine automatische Zuteilung ist hier nicht wirtschaftlich			**von Hand**		
09	**Grundplatte**			**Grundplatte**		
10	**Langlöcher in der Grundplatte mit Schrauben und T-Nut-Muttern**	$1 \times 2 = 2$	$2 \times 3 = 6$	$2 + 6 = 8$	**Spanneisen**
ΣW				22	maximale Punktzahl P_{max}		25

Ergänzende Werte Variante B:
Row 02: $1 \times 2 = 2$, $2 \times 3 = 6$, $2 + 6 = 8$
Row 06: $1 \times 2 = 2$, $2 \times 4 = 8$, $2 + 8 = 10$
Row 10: $1 \times 3 = 3$, $2 \times 2 = 4$, $3 + 4 = 7$

1.3 Konstruktion

1.3.1 Hinweise zur Konstruktion

Der geforderte schnelle Werkstückwechsel kann nur erreicht werden, wenn zum Spannen und Lösen des Werkstücks nicht mehr als eine halbe Umdrehung der Gewindespindel nötig ist. Daraus ergibt sich die Notwendigkeit, das Werkstück über die Auflage in die Vorrichtung zu schieben, damit der Spannweg klein gehalten wird. Da aber nur eine genaue, von der Werkstücktoleranz unabhängige Positionierung über einen Dorn in der zentrischen Bohrung möglich ist, muss dieser Dorn versenkbar angeordnet sein, damit das Werkstück darüber hinweg geschoben werden kann.

Auch die Änderung der Bohrposition soll möglichst schnell erfolgen. Beim Drehen des gelösten Flansches von Hand um den Zentrierdorn wird der Rastbolzen durch eine Druckfeder in die nächste Bohrung einrasten. Die Arretierung durch den Rastbolzen kann über einen Hebel wieder aufgehoben werden. Der Hebel ist so angeordnet, dass er mit einem Finger der Hand, die die Gewindespindel betätigt, bedient werden kann. Mit der anderen Hand kann dann der Flansch in die nächste Bohrposition gedreht oder der Vorrichtung entnommen werden.

Um das Werkstück möglichst breitflächig und in der Nähe der auftretenden Bohrkräfte spannen zu können, werden die Spannkräfte auf zwei Druckstücke verteilt. Da die Kräfte gleichmäßig auf die Druckstücke übertragen werden sollen, sind sie auf einer Wippe angeordnet. Diese Wippe gleitet dabei über einen eingefrästen, kreisbogenförmigen Einschnitt im Hebel. Diese Anordnung ergibt kleinere Abmessungen als die Realisierung der Schwenkbewegung über einen Stift. Hier hält der eingesetzte Stift die Wippe nur in ihrer Position.

Die Trapezgewindespindel wird entsprechend der Aufgabenstellung mit einem Kreuzgriff betätigt. Um die Schwenkbewegung des Winkelhebels auszugleichen, erfolgt die Überleitung der Druckkraft von der Spindel auf den Hebel über ein genormtes Druckstück.

Die Grundpatte zur Aufnahme des Werkstücks und der Funktionselemente wurde auf 4 genormte Füße gestellt. Dadurch lassen sich die Späne, die durch die Auslaufbohrung unter der Bohrbuchse fallen, leichter entfernen.

Bei der Inbetriebnahme der Vorrichtung sind die Druckstücke an der Wippe einzustellen. Dabei ist zu beachten, dass der Rastbolzen bei gelöstem und gespanntem Werkstück selbständig in die Bohrung einrastet und über den Hebel ohne großen Kraftaufwand angehoben werden kann.

1.3.2 Konstruktionszeichnung

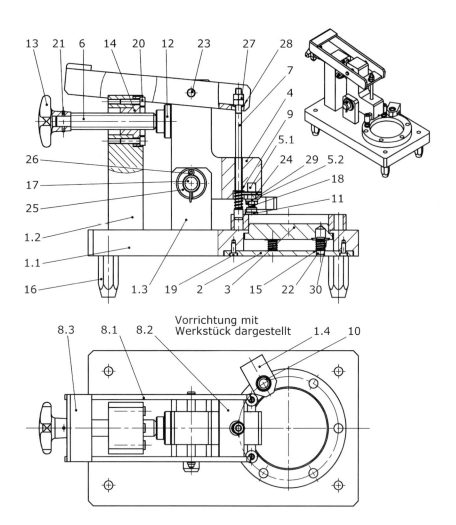

Bild 1-4 Bohrvorrichtung

1.3.3 Stückliste

Tabelle 1-5 Stückliste

1	2	3	4	5	6
Pos.	Menge	Einheit	Benennung	Sachnummer/Norm – Kurzbezeichnung	Bemerkung
1	**1**	**Stck**	**Grundplatte kompl.**		
1.1	1	Stck	Grundplatte	Fl EN 10058-150x25x270-S355JR	
1.2	1	Stck	Spindelaufnahme	Fl EN 10058-35x50x130-S355JR	
1.3	2	Stck	Lagerbock	Fl EN 10058-40x12x60-S355JR	
1.4	1	Stck	Bohrbuchsenhalter	Fl EN 10058 -25x32-S355JR	
2	1	Stck	Abdeckplatte	Bl EN 10029-S235JR-6B	
3	1	Stck	Zentrierplatte	Rd EN 10278-90-S235JR	
4	1	Stck	Winkelhebel	Fl EN 10058-32x90x115-S235JR	
5	**1**	**Stck**	**Druckwippe kompl.**		
5.1	1	Stck	Wipptraverse	Fl EN 10058-8x55-S235JR	
5.2	2	Stck	Gewindebuchse	Rd EN 10278-S235JR-12	
6	1	Stck	Gewindespindel	Best.nr. 640 016 00 E295	Fa. Mädler
7	1	Stck	Arretierbolzen	Rd EN 10278 -S235JR-9	
8	**1**	**Stck**	**Arretierhebel**		
8.1	2	Stck	Hebelarm	Fl EN 10058-25x5x180-S235JR	
8.2	1	Stck	Arretierbolzenaufnahme	Fl EN 10058-25x5x55-S235JR	
8.3	1	Stck	Drücker	Fl EN 10058-25x5x65-S235JR	
9	1	Stck	Druckfeder	DIN 2098-B-0,8x8x28	
10	1	Stck	Bohrbuchse	DIN 179-A 9x12	
11	2	Stck	Druckstück	DIN 6311-S12-EN-GJL-150	
12	1	Stck	Druckstück	DIN 6311-S32-EN-GJL-150	
13	1	Stck	Kreuzgriff	DIN 6335-C50-EN-GJL-150	
14	1	Stck	Flanschmutter	Best.nr. 644 770 16 CuSn6	Fa. Mädler
15	3	Stck	Druckfeder	DIN 2098-0,85x9,85x12,75-B	
16	4	Stck	Fuß	DIN 6320-A M10x40	
17	1	Stck	Bolzen	ISO 2341-16x70-11SMn37	
18	2	Stck	Gewindestift mit Druckzapfen	DIN 6332-S M6x30	

				Datum	Name	
			Bearb.	01.07.06	Fl / Tt	Fachschule für Technik Maschinenbautechnik
			Gepr.			
			Norm.			
			Bohrvorrichtung			Blatt 1 von 2
Zust.	Änderung	Datum	Name	(Urspr.)		Ers.f Ers. d.:

Fortsetzung Tabelle 1-5

1	2	3	4	5	6
Pos.	Menge	Einheit	Benennung	Sachnummer/Norm – Kurzbezeichnung	Bemerkung
19	4	Stck	Zylinderschraube	DIN 6912-M4x10-8.8	
20	6	Stck	Zylinderschraube	ISO 4762-M5x20-8.8	
21	1	Stck	Zylinderstift	ISO 2338-2,5m6x20-35S20	
22	3	Stck	Zylinderstift	ISO 2338-8m6x18-15SMn13	
23	1	Stck	Zylinderstift	ISO 2338-8m6x70-15SMn13	
24	1	Stck	Spannstift	ISO 8752-3x18-A-15SMn13	
25	1	Stck	Scheibe	ISO 7090-16-140 HV-A2	
26	1	Stck	Splint	ISO 1234-3,2x22-15SMn13	
27	2	Stck	Sechskantmutter	ISO 4032-M6-8	
28	1	Stck	Kugelscheibe	DIN 6319-C-6,4	
29	2	Stck	Sechskantmutter	ISO 4035-M6-8	
30	3	Stck	Scheibe	ISO 7090-A5,3-140HV	

				Datum	Name	
			Bearb.			Fachschule für Technik Maschinenbautechnik
			Gepr.			
			Norm.			
				Bohrvorrichtung		Blatt 2 von 2
Zust.	Änderung	Datum	Name	(Urspr.)		Ers.f Ers. d.:

1.4 Berechnungen

Die zu bohrenden Flanschrohlinge werden im Fertigungsprozess auf der Vorrichtung abwechselnd gespannt und entspannt. Da die Belastung der einzelnen Baugruppen beim Lösen annähernd Null ist, wird bei den folgenden Berechnungsgängen idealisiert von einer schwellenden Beanspruchung ausgegangen.

1.4.1 Berechnung der Gewindespindel (Pos. 6)

nach R/M: Kapitel 8.5

Entwurfsberechnung

Erforderlicher Kernquerschnitt für kurze (Grenzkriterium: $l \approx 6 \cdot d$) druckbeanspruchte Bewegungsschrauben nach Gl. (8.50).

$$A_3 \geq \frac{F}{\sigma_{d\,zul}}$$

$$= \frac{2,75 \cdot 10^3\,N}{147,5\,Nmm^{-2}} = 18,6\,mm^2$$

Ein Gewinde Tr8x1,5 würde ausreichen. Da aber andere Anschlussmaße vom Gewindedurchmesser abhängig sind, wie der vorgeschriebene Kreuzgriff mit Querstift, wurde das Gewinde Tr16x4 nach TB 8-3 gewählt.

$$F = K_A \cdot F^*$$
$$= 1,1 \cdot 2,5\,kN = 2,75\,kN$$

Kraft in Spindelachse bei gleichen Hebellängen für Kraftangriff am Winkelhebel, vgl. auch Bild 1-14

$$K_A = 1,1$$

Anwendungsfaktor bei gleichförmiger Belastung angelehnt an TB 3-5a)

$$F^* = 2,5\,kN$$

Spannkraft am Werkstück laut Aufgabenstellung

$$\sigma_{d\,zul} = \frac{\sigma_{d\,Sch}}{2}$$

$$= \frac{295\,Nmm^{-2}}{2} = 147,5\,Nmm^{-2}$$

zulässige Druckspannung bei schwellender Belastung nach Legende zu Gl. (8.50)

$$\sigma_{d\,Sch} = K_t \cdot \sigma_{d\,Sch\,N}$$
$$= 1,0 \cdot 295\,Nmm^{-2} = 295\,Nmm^{-2}$$

Druck-Schwellfestigkeit für Normalstäbe aus E295, vgl. Gl. (3.9)

$$K_t = 1,0$$

technologischer Größeneinflussfaktor nach TB 3-11a), Linie 1 (Hinweis: Dauerfestigkeitswerte sind der Linie 1 zugeordnet, vgl. Legende)

$$\sigma_{d\,Sch\,N} = 295\,Nmm^{-2}$$

Schwellfestigkeit für Normalstäbe aus E295 nach TB 1-1

Festigkeitsnachweis für die Gewindespindel

nach R/M: Kapitel 8, Abschnitt 8.5.2

Da die vor der Mutter über den Kreuzgriff aufgebrachte Torsionsbelastung in der stillstehen-
den Mutter in eine Druckkraft umgewandelt wird, tritt hier entsprechend Bild 8-28a) der
Beanspruchungsfall 1 auf. Der Festigkeitsnachweis für die Druckbelastung ist durch die
Entwurfsberechnung erfüllt, so dass hier nur noch die Torsionsfestigkeit nachgewiesen werden
muss.

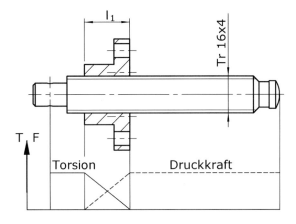

Bild 1-5 Belastung der Gewindespindel

$$\tau_t = \frac{T}{W_t} \le \tau_{t\,zul}$$

Torsionsspannung nach
Gl. (8.52)

$$= \frac{3,81 \cdot 10^3\,\text{Nmm}}{298,6\,\text{mm}^3} \approx 12,8\,\text{Nmm}^{-2} < \tau_{t\,zul}\ (= 102,5\,\text{Nmm}^{-2})$$

$$T = \frac{F \cdot d_2}{2} \cdot \tan(\varphi + \rho')$$

Torsionsmoment nach
Gl. (8.55)

$$= \frac{2,75 \cdot 10^3\,\text{N} \cdot 14\,\text{mm}}{2} \cdot \tan(5,2° + 6°) = 3,81 \cdot 10^3\,\text{Nmm}$$

$F = 2,75\,\text{kN}$

Spindelkraft

$d_2 = 14\,\text{mm}$

Flankendurchmesser der
Gewindespindel nach
TB 8-3

$$\tan\varphi = \frac{P_h}{d_2 \cdot \pi}$$

Bestimmung des Gewinde-
Steigungswinkels nach
Gl. (8.1)

$$= \frac{4\,\text{mm}}{14\,\text{mm} \cdot \pi} \rightarrow \varphi = 5,2°$$

$P_h = n \cdot P$

$ = 1 \cdot 4\,\text{mm} = 4\,\text{mm}$

Gewindesteigung für eingängige Gewinde-spindel, ($n = 1$); vgl. TB 8-3 und Text zu Gl. 8.1

$P = 4\,\text{mm}$

Steigung des Trapezgewindes nach TB 8-3

$\rho' = 6°$

Reibungswinkel für Mutterwerkstoff CuSn6 und Gewindespindel aus St, geschmiert nach Legende zu Gl. (8.55)

$W_t = \dfrac{\pi}{16} \cdot d_3^3$

polares Widerstandsmoment nach Legende zu Gl. (8.52)

$ = \dfrac{\pi}{16} \cdot (11,5\,\text{mm})^3 = 298,6\,\text{mm}^3$

$d_3 = 11,5\,\text{mm}$

Kerndurchmesser der Gewindespindel nach TB 8-3

$\tau_{t\,\text{zul}} = \dfrac{\tau_{t\,\text{Sch}}}{2}$

zulässige Torsionsspannung nach Legende zu Gl. (8.52)

$\phantom{\tau_{t\,\text{zul}}} = \dfrac{205\,\text{Nmm}^{-2}}{2} = 102,5\,\text{Nmm}^{-2}$

$\tau_{t\,\text{Sch}} = K_t \cdot \tau_{t\,\text{Sch N}}$

$\phantom{\tau_{t\,\text{Sch}}} = 1,0 \cdot 205\,\text{Nmm}^{-2} = 205\,\text{Nmm}^{-2}$

$K_t = 1,0$

technologischer Größeneinflussfaktor für $d < 100$ mm nach TB 3-11a), Linie 1

$\tau_{t\,\text{Sch N}} = 205\,\text{Nmm}^{-2}$

Torsions-Schwellfestigkeit für Normalstäbe aus E295 nach TB 1-1

Die Nachrechnung auf Knickung kann entfallen, da die Knicklänge im Verhältnis zum Durch-messer klein ausfällt ($\lambda < 20$; vgl. Hinweis R/M am Ende von Kap. 8.5.3).

1.4.2 Auslegung der Flanschmutter (Pos. 14)

$p = \dfrac{F \cdot P}{l_1 \cdot d_2 \cdot \pi \cdot H_1} \leq p_{\text{zul}}$

Flächenpressung des Muttergewindes nach Gl. (8.61)

Umstellung der Formel mit gewähltem p_{zul} auf die gesuchte erforderliche Mutterlänge l_1

$\rightarrow l_1 \geq \dfrac{F \cdot P}{p \cdot d_2 \cdot \pi \cdot H_1}$

$ = \dfrac{2,75 \cdot 10^3\,\text{N} \cdot 4\,\text{mm}}{20\,\text{Nmm}^{-2} \cdot 14\,\text{mm} \cdot \pi \cdot 2\,\text{mm}} = 6,3\,\text{mm}$

gewählt: $l_1 = 20$ mm

Hinweis: $l_1 = 20$ mm gewählt gemäß Kaufteilmaß der Flanschmutter (vgl. Stückliste)

$F = 2,75 \cdot 10^3 \, \text{N}$	maximale Druck-Belastung der Gewindespindel, vgl. Kap. 1.4.1
$P = 4\,\text{mm}$	Steigung des Trapezgewindes nach TB 8-3
$p = p_{\text{zul}} = 20\,\text{Nmm}^{-2}$	zul. Flächenpressung Gewindespindel aus Stahl – Mutter aus CuSn6, nach TB 8-18 (aussetzender Betrieb)
$d_2 = 14\,\text{mm}$	Flankendurchmesser des Gewindes nach TB 8-3
$H_1 = 2\,\text{mm}$	Flankenüberdeckung des Gewindes nach TB 8-3
$l_{\text{max}} \approx 2,5 \cdot d$ $= 2,5 \cdot 16\,\text{mm} = 40\,\text{mm}$	maximal tragende Länge der Mutter, siehe Text zu Gl. (8.61)
$d = 16\,\text{mm}$	Außendurchmesser der Gewindespindel

Da die Spannkraft der Gewindespindel während des Bearbeitungsvorgangs gehalten wird, muss das Gewinde selbsthemmend sein. Selbsthemmung liegt vor, wenn der Wirkungsgrad der Gewindespindel kleiner 0,5 bzw. 50 % ist ($\eta < 0{,}5$) oder wenn der Gleitwinkel φ kleiner als der Reibwinkel ρ ist.

$\eta = \dfrac{\tan \varphi}{\tan (\varphi + \rho')}$ $= \dfrac{\tan 5,2°}{\tan (5,2° + 6°)} = 0,46 < 0,5$	Wirkungsgrad einer Bewegungsschraube nach Gl. (8.62)
$\varphi = 5,2°$	Steigungswinkel des Trapezgewindes nach Gl. (8.1)
$\rho' = 6°$	Reibwinkel des Gewindes ($\tan \rho = \mu$) oder nach Legende zu Gl. (8.55)

1.4.3 Festigkeitsnachweis für die Gewindespindel (Pos. 6) an der Stelle des Querstifts (Pos. 21) zur Befestigung des Kreuzgriffs (Pos. 13)

Statischer Festigkeitsnachweis am Gewindespindel-Zapfen

Der statische Nachweis muss bei dynamischer Beanspruchung nach ISO-Norm immer geführt werden.

Beim Aufbringen des Torsionsmoments durch einen Kreuzgriff treten keine nennenswerten Biegebelastungen auf, so dass der Spindelzapfen nur auf seine Torsionsfestigkeit überprüft werden muss. Die kritische Spannung tritt an der Querbohrung auf, da hier die größte Kerbwirkung zu berücksichtigen ist.

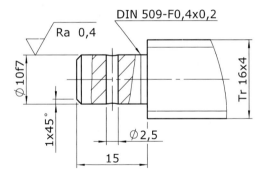

Bild 1-6
Spindelzapfen zur Aufnahme des
Kreuzgriffes

Hinweis: Gemäß Legende zu R/M: Bild 11-23 ist bei unbekannten Maximalwerten wie beim dynamischen Nachweis mit $T_{max} \approx T_{eq}$ und $M_{max} \approx M_{eq}$ zu rechnen. Maximalwerte treten beispielsweise beim Anlaufen eines belasteten Elektromotors auf.

$$S_F = \frac{1}{\sqrt{\left(\dfrac{\sigma_{b\,max}}{\sigma_{bF}}\right)^2 + \left(\dfrac{\tau_{t\,max}}{\tau_{tF}}\right)^2}}$$

statischer Sicherheitsnachweis nach R/M: Bild 11-23

wegen des fehlenden Biegeanteils ($\sigma_b = 0$) vereinfacht sich die Formel zu

$$S_F = \frac{1}{\sqrt{\left(\dfrac{\tau_{t\,max}}{\tau_{tF}}\right)^2}} = \frac{\tau_{tF}}{\tau_{t\,max}} \geq S_{F\,min}$$

$$= \frac{204,3\,\mathrm{Nmm}^{-2}}{33,2\,\mathrm{Nmm}^{-2}} \approx 6,1 > S_{F\,min}\,(= 1,5)$$

$$\tau_{t\,max} = \frac{T_{max}}{W_t}$$

maximale Torsionsspannung

$$= \frac{3,81 \cdot 10^3\,\mathrm{Nmm}}{115\,\mathrm{mm}^3} = 33,2\,\mathrm{Nmm}^{-2}$$

$T_{max} = T = 3,81 \cdot 10^3\,\mathrm{Nmm}$

Torsionsmoment nach Gl. (8.55), vgl. Kap. 1.4.1

$$W_t = 0,2 \cdot D^2 \cdot (D - 1,7 \cdot d)$$

polares Widerstandsmoment nach TB 11-3

$$= 0,2 \cdot 10^2\,\mathrm{mm}^2 \cdot (10\,\mathrm{mm} - 1,7 \cdot 2,5\,\mathrm{mm}) = 115\,\mathrm{mm}^3$$

$D = 10\,\mathrm{mm}$

Durchmesser des Spindelzapfens, s. Bild 1-6

$d = 2,5\,\mathrm{mm}$

Durchmesser der Querbohrung, s. Bild 1-6

$$\tau_{tF} = \frac{1,2 \cdot R_{p0,2N} \cdot K_t}{\sqrt{3}}$$

Torsionsfestigkeit gegen Fließen nach
Bild R/M: 11-23

$$= \frac{1,2 \cdot 295\,\text{Nmm}^{-2} \cdot 1,0}{\sqrt{3}} = 204,3\,\text{Nmm}^{-2}$$

$R_{p0,2N} = 295\,\text{Nmm}^{-2}$

Dehngrenze für E295 nach TB 1-1

$K_t = 1,0$

technologischer Größeneinflussfaktor für
$d = 10$ mm nach TB 3-11a), Linie 1

$S_{Fmin} = 1,5$

Mindestsicherheit gegen Fließen nach
TB 3-14a)

Dynamischer Festigkeitsnachweis am Gewindespindel-Zapfen

$$S_D = \frac{1}{\sqrt{\left(\dfrac{\sigma_{ba}}{\sigma_{bGW}}\right)^2 + \left(\dfrac{\tau_{ta}}{\tau_{tGW}}\right)^2}}$$

dynamischer Sicherheitsnachweis nach
R/M: Bild 11-23

Wegen des fehlenden Biegeanteils ($\sigma_b = 0$) vereinfacht sich die Formel. In die Gleichung nach
R/M: Bild 11-23 gilt $\tau_{tGW} = \tau_{tGSch}$, da das Torsionsmoment schwellend auftritt.

$$S_D = \frac{1}{\sqrt{\left(\dfrac{\tau_{ta}}{\tau_{tGSch}}\right)^2}} = \frac{\tau_{tGSch}}{\tau_{ta}} \geq S_{Derf}$$

$$= \frac{110,8\,\text{Nmm}^{-2}}{16,6\,\text{Nmm}^{-2}} = 6,7 > S_{Derf} \ (= 1,8)$$

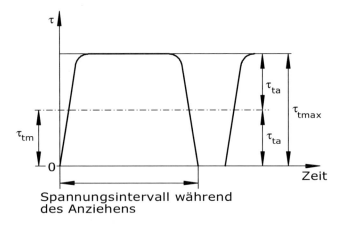

Bild 1-7 Torsionsbelastungsverlauf der Gewindespindel

$$\tau_{\text{tGSch}} = \frac{\tau_{\text{t Sch N}} \cdot K_{\text{t}}}{K_{\text{Dt}}}$$

Gestaltfestigkeit bei schwellender Beanspruchung für E295 nach Bild R/M: 11-23

$$= \frac{205\,\text{Nmm}^{-2} \cdot 1{,}0}{1{,}85} = 110{,}8\,\text{Nmm}^{-2}$$

$\tau_{\text{t Sch N}} = 205\,\text{Nmm}^{-2}$

Torsionsfestigkeit bei schwellender Beanspruchung für Normalstäbe aus E295 nach TB 1-1

$K_{\text{t}} = 1{,}0$

technologischer Größeneinflussfaktor für $d = 10$ mm TB 3-11a), Linie 1

$$K_{\text{Dt}} = \left(\frac{\beta_{\text{kt}}}{K_{\text{g}}} + \frac{1}{K_{0\tau}} - 1\right) \cdot \frac{1}{K_{\text{V}}}$$

Konstruktionsfaktor für Torsionsbelastung nach R/M: Bild 11-23

$$= \left(\frac{1{,}8}{0{,}98} + \frac{1}{0{,}99} - 1\right) \cdot \frac{1}{1{,}0} = 1{,}85$$

$\beta_{\text{kt}} \approx 1{,}8$

Kerbwirkungszahl für Stäbe mit Querbohrung nach TB 3-9b)

$K_{\text{g}} = 0{,}98$

geometrischer Größeneinflussfaktor für $d = 10$ mm nach TB 3-11c)

$K_{0\tau} = 0{,}575 \cdot K_{0\sigma} + 0{,}425$
$\quad = 0{,}575 \cdot 0{,}98 + 0{,}425 = 0{,}99$

Einflussfaktor für Oberflächenrauheit bei Torsionsbelastung nach TB 3-10a)

$K_{0\sigma} = 0{,}98$

Einflussfaktor für Oberflächenrauheit nach TB 3-10a)

$R_{\text{z}} \approx 1{,}6\,\mu\text{m}$

Rautiefe bei $R_{\text{a}} = 0{,}4\,\mu$m nach TB 2-10

$R_{\text{a}} = 0{,}4\,\mu\text{m}$

Mittenrauwert, vgl. Bild 1-6

$R_{\text{m}} = K_{\text{t}} \cdot R_{\text{m N}}$
$\quad = 1{,}0 \cdot 490\,\text{Nmm}^{-2} = 490\,\text{Nmm}^{-2}$

Zugfestigkeit Normaldurchmesser für E295 nach TB 1-1, K_{t} siehe vor, vgl. Gl. (3.7)

$R_{\text{m N}} = 490\,\text{Nmm}^{-2}$

Zugfestigkeit für Normalstäbe aus E295 nach TB 1-1

$K_{\text{V}} = 1{,}0$

Einflussfaktor für Oberflächenverfestigung nach TB 3-12 (keine Einflüsse genannt)

$$\tau_{\text{ta}} = \frac{\tau_{\text{t max}}}{2}$$

Ausschlagspannung der Torsionsbelastung siehe Bild 1-7, vgl. Legende zu R/M: Bild 11-23 zur schwellenden Torsionsbelastung

$$= \frac{33{,}2\,\text{Nmm}^{-2}}{2} = 16{,}6\,\text{Nmm}^{-2}$$

$\tau_{\text{t max}} = 33{,}2\,\text{Nmm}^{-2}$

maximale Torsionsspannung, vgl. dynamischer Festigkeitsnachweis zuvor

$$S_{\text{Derf}} = S_{\text{Dmin}} \cdot S_z$$
$$= 1,5 \cdot 1,2 = 1,8$$

erforderliche Sicherheit nach Gl. (3.31)

$$S_{\text{Dmin}} = 1,5$$

erforderliche Mindestsicherheit nach TB 3-14a)

$$S_z = 1,2$$

Sicherheitsfaktor zur Kompensierung der Berechnungs-vereinfachung bei reiner schwellender Torsionsbelas-tung nach TB 3-14c)

1.4.4 Querstiftverbindung Kreuzgriff (Pos. 13) – Gewindespindel (Pos. 6)

nach R/M: Kapitel 9, Abschnitt 9.3.2, Absatz 1 sind folgende Nachweise zu erbringen:

a) die mittlere Flächenpressung p_N in der Nabenbohrung

b) die maximale mittlere Flächenpressung p_W in der Wellenbohrung

c)   die Scherspannung τ_a im Stift

a) $$p_N = \frac{K_A \cdot T_{\text{nenn}}}{d \cdot s \cdot (d_w + s)} \leq p_{\text{zul}}$$

Flächenpressung an der Nabe nach Gl. (9.15)

$$= \frac{3,81 \cdot 10^3 \, \text{Nmm}}{2,5 \, \text{mm} \cdot 4 \, \text{mm} \cdot (10 \, \text{mm} + 4 \, \text{mm})} = 27,2 \, \text{Nmm}^{-2} < p_{\text{zul}} \, (= 45,0 \, \text{Nmm}^{-2})$$

$K_A \cdot T_{\text{nenn}} = 3,81 \cdot 10^3 \, \text{Nmm}$ — Torsionsmoment an der Gewindespindel (vgl. Kap. 1.4.1)

$d = 0,25 \cdot d_w$
$= 0,25 \cdot 10 \, \text{mm} = 2,5 \, \text{mm}$ — Stift-Ø, vgl. Legende zu Gl. (9.15)

$s = 4 \, \text{mm}$ — Dicke der Nabenwand an der Stelle des Stiftes, vgl. Bild 1-8

$d_w = 10 \, \text{mm}$ — Gewindespindelzapfen-durchmesser, vgl. Bild 1-8

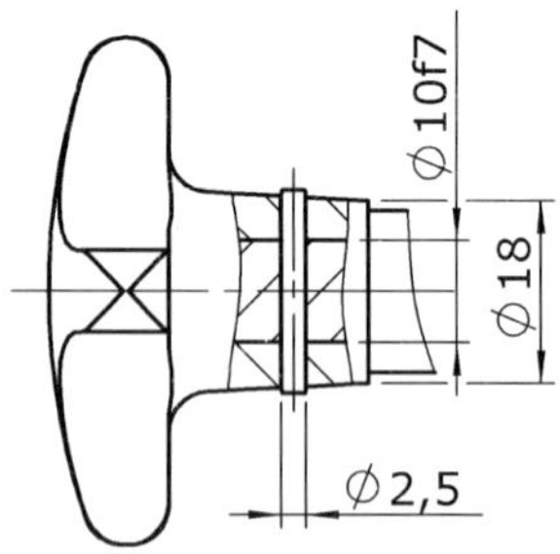

Bild 1-8
Kreuzgriff mit Querstiftverbindung

Hinweis: Bei der zulässigen Flächenpressung ist immer der schwächere Werkstoff (Stift-Welle bzw. Stift-Nabe) einzusetzen.

$p_{zul} = 0,25 \cdot R_m$

$\quad = 0,25 \cdot 180\,\text{Nmm}^{-2} = 45,0\,\text{Nmm}^{-2}$

zulässige Flächenpressung für Stifte nach Legende zu Gl. (9.4)

$R_m = K_t \cdot R_{mN}$

$\quad = 1,2 \cdot 150\,\text{Nmm}^{-2} = 180\,\text{Nmm}^{-2}$

Zugfestigkeit am Kreuzgriff

$K_t = 1,2$

technologischer Größeneinflussfaktor für $d_{Nabe} = 8$ mm nach TB 3-11b), Linie 5

$R_{mN} = 150\,\text{Nmm}^{-2}$

Zugfestigkeit für Normalstäbe aus EN-GJL-150

$d_{Nabe} = 2 \cdot t$

$\quad = 2 \cdot 4\,\text{mm} = 8\,\text{mm}$

Ersatzdurchmesser: Dicke der Nabenwand nach TB 3-11e) zur Ermittlung von K_t mit $t = 4$ mm, vgl. Bild 1-9

b) $p_W = \dfrac{6 \cdot K_A \cdot T_{nenn}}{d \cdot d_w^2} \leq p_{zul}$

Flächenpressung in der Wellenbohrung nach Gl. (9.16)

$\quad = \dfrac{6 \cdot 3,81 \cdot 10^3\,\text{N}}{2,5\,\text{mm} \cdot (10\,\text{mm})^2} = 91,4\,\text{Nmm}^{-2} < p_{zul}\ (= 122,5\,\text{Nmm}^{-2})$

$p_{zul} = 0,25 \cdot R_m$

$\quad = 0,25 \cdot 490\,\text{Nmm}^{-2} = 122,5\,\text{Nmm}^{-2}$

zul. Flächenpressung in der Wellenbohrung nach Legende Gl. (9.4)

$R_m = K_t \cdot R_{mN}$

$\quad = 1,0 \cdot 490\,\text{Nmm}^{-2} = 490\,\text{Nmm}^{-2}$

Zugfestigkeit der Welle

$K_t = 1,0$

techn. Größeneinflussfaktor für $d = 10$ mm nach TB 3-11a), Linie 1

$R_{mN} = 490\,\text{Nmm}^{-2}$

Zugfestigkeit für Normalstäbe aus E295 nach TB 1-1

c) $\tau_a = \dfrac{4 \cdot K_A \cdot T_{nenn}}{d^2 \cdot \pi \cdot d_w} \leq \tau_{a\,zul}$

Scherspannung im Stift nach Gl. (9.17)

$\quad = \dfrac{4 \cdot 3,81 \cdot 10^3\,\text{Nmm}}{(2,5\,\text{mm})^2 \cdot \pi \cdot 10\,\text{mm}} = 77,6\,\text{Nmm}^{-2} < \tau_{a\,zul}\ (= 94,5\,\text{Nmm}^{-2})$

$\tau_{a\,zul} = 0,15 \cdot R_m$

$\quad = 0,15 \cdot 630\,\text{Nmm}^{-2} = 94,5\,\text{Nmm}^{-2}$

zulässige Scherfestigkeit des Stifts nach Gl. (9.3)

$R_m = R_{mN} = 630\,\text{Nmm}^{-2}$

Zugfestigkeit für 35S20 nach TB 1-1, Linie 3 (Vergütungsstahl) und $K_t = 1,0$

Ein Festigkeitsnachweis an anderen Stellen ist wegen der geringeren Kerbwirkung nicht notwendig. An der Stelle des Druckzapfens (vgl. Bild 1-5) sind der Querschnitt (Ø11 mm) und die zulässige Druckspannung größer.

1.4.5 Flächenpressung am Druckstück (Pos. 12) der Gewindespindel (Pos. 6)

Die Flächenpressung an dem Kugelabschnitt des Druckzapfens verhält sich wie die Pressung zwischen einem Zylinder und einer ebenen Fläche und muss nach der Gleichung von Hertz berechnet werden. Der Durchmesser des Zylinders d_1 entspricht dem doppelten Kugelradius. Die Berührungslänge des Zylinders l entspricht dem Kreisumfang der Berührungslinie mit dem Radius h nach Bild 1-10.

$$p = 0,418 \cdot \sqrt{\frac{F_p \cdot E}{r \cdot l}} \leq p_{zul}$$

$$= 0,418 \cdot \sqrt{\frac{1,588\,\text{kN} \cdot 210\,\text{kNmm}^{-2}}{9\,\text{mm} \cdot 28,3\,\text{mm}}}$$

$$= 478,3\,\text{Nmm}^{-2} > p_{zul} \,(= 122,5\,\text{Nmm}^{-2})$$

allgemeine Formel der Hertz'schen Pressung für Zylinder-Ebene

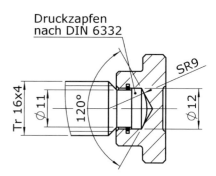

Bild 1-9 Druckstück

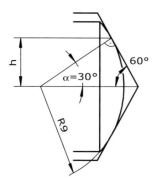

Bild 1-10
Abstandermittlung h des Berührungspunktes

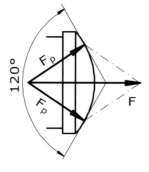

Bild 1-11
Ermittlung der Druckkräfte F_p

$F = K_A \cdot F^*$

$\quad = 1,1 \cdot 2,5\,\text{kN} = 2,75\,\text{kN}$

Belastung unter Berücksichtigung von Lastspitzen

$F^* = 2,5\,\text{kN}$

Belastung laut Aufgabenstellung

$K_A = 1,1$

Anwendungsfaktor bei gleichmäßiger Belastung nach TB 3-5a)

$\cos\alpha = \dfrac{F}{2 \cdot F_p}$

nach Bild 1-11

$\rightarrow F_p = \dfrac{F}{2 \cdot \cos\alpha}$

Druckkraft am Zapfen, vgl. Bild 1-11

$\quad = \dfrac{2,75\,\text{kN}}{2 \cdot \cos 30°} \approx 1,588\,\text{kN}$

$E = 210\,\text{kNmm}^{-2}$

Elastizitätsmodul für Stahl nach TB 1-1

$r = R = 9\,\text{mm}$

Kugelradius, vgl. Bild 1-9

$l = 2 \cdot \pi \cdot h$

$\quad = 2 \cdot \pi \cdot 4,5\,\text{mm} = 28,3\,\text{mm}$

Umfang der projizierten kreisförmigen Berührungsfläche, vgl. Bild 1-10

$h = R \cdot \sin\alpha$

$\quad = 9\,\text{mm} \cdot \sin 30° = 4,5\,\text{mm}$

Kreisradius nach Bild 1-10

$p_{zul} = 122,5\,\text{Nmm}^{-2}$

zul. Flächenpressung, vgl. Abschnittsende

Fazit: Die Flächenpressung wird wegen der geringen Berührungsfläche der beiden Werkstücke sehr groß. Es müssen Maßnahmen zur Reduzierung getroffen werden. Ein aus Grauguss mit geringerem Elastizitätsmodul gefertigtes Druckstück reduziert den gemeinsamen Elastizitätsmodul und damit die Flächenpressung:

$E = \dfrac{2 \cdot (E_1 \cdot E_2)}{(E_1 + E_2)}$

Vergleichsmodul

$\quad = \dfrac{2 \cdot 210\,\text{kNmm}^{-2} \cdot 90\,\text{kNmm}^{-2}}{(210\,\text{kNmm}^{-2} + 90\,\text{kNmm}^{-2})} = 126,0\,\text{kNmm}^{-2}$

$E_1 = 210\,\text{kNmm}^{-2}$

Elastizitätsmodul für Stahl nach TB 1-1

$E_2 \approx 90\,\text{kNmm}^{-2}$

mittleres Elastizitätsmodul für EN-GJL-150 nach TB 1-1

$p = 0,418 \cdot \sqrt{\dfrac{F \cdot E}{r \cdot l}} \le p_{zul}$

$\quad = 0,418 \cdot \sqrt{\dfrac{1,588\,\text{kN} \cdot 126,0\,\text{kNmm}^{-2}}{9\,\text{mm} \cdot 28,3\,\text{mm}}} = 523,9\,\text{Nmm}^{-2} > p_{zul}\ (= 122,5\,\text{Nmm}^{-2})$

Fazit: Auch die Verwendung von Materialien mit geringerem E-Modul bringt keine hinreichende Verbesserung. Die Flächenpressung zwischen kugelförmigem Gewindespindel-Druckzapfen und konischer Aufnahme des Druckstücks ist zu groß. In der Praxis wird davon ausgegangen, dass sich nach einiger Zeit die Druckstückaufnahme verschleißbedingt zur Kugelkalotte ausbildet und dadurch die Flächenpressung verringert wird. Als Druckfläche wird dann die projizierte Fläche des kugelförmigen Gewindespindel-Druckzapfens eingesetzt:

$$p = \frac{K_A \cdot F_{nenn}}{A_{proj}} \leq p_{zul}$$

Flächenpressung nach Gl. (9.4)

$$= \frac{2750\,\text{N}}{113,1\,\text{mm}^2} = 24,3\,\text{Nmm}^{-2} < p_{zul}\,(= 122,5\,\text{Nmm}^{-2})$$

$$A_{proj} = D_K^2 \cdot \frac{\pi}{4}$$

projizierte Fläche des kugelförmigen Gewindespindel-Druckzapfens

$$= 12^2\,\text{mm}^2 \cdot \frac{\pi}{4} = 113,1\,\text{mm}^2$$

$D_K = 11\,\text{mm}$ Durchmesser des Druckzapfens, vgl. Bild 1-9

$p_{zul} = 0,7 \cdot 5\,\text{Nmm}^{-2} = 3,5\,\text{Nmm}^{-2}$ zul. Flächenpressung GG/St für gleitende Bewegung bei Schwellbelastung nach TB 9-1

$p_{zul} = 0,7 \cdot 80\,\text{Nmm}^{-2} = 56\,\text{Nmm}^{-2}$ zul. Flächenpressung Iglidur G/St gehärtet bei Schwellbelastung für gleitende Bewegung nach TB 9-1

$$p_{zul} = 0,25 \cdot R_m$$
$$= 0,25 \cdot 490\,\text{Nmm}^{-2} = 122,5\,\text{Nmm}^{-2}$$

zul. Flächenpressung bei Schwellbelastung für nicht gleitende Flächen nach Legende zu Gl. (9.4)

$R_m = R_{mN} = 490\,\text{Nmm}^{-2}$ Zugfestigkeit für E295 nach TB 1-1 und $K_t = 1,0$

Fazit: Da die zulässige Flächenpressung bei Schwellbelastung für nicht gleitende Flächen hier nicht überschritten wird, wirkt sich die Überschreitung der Flächenpressung für gleitende Bewegung nur auf den Verschleiß aus. Bei der zu bearbeitenden Losgröße von 5000 Flanschen ist die Anzahl der Lastspiele aber zu gering, um eine verschleißbedingte Betriebsstörung hervorzurufen. Hier wird deshalb das Druckstück in der genormten Ausführung eingesetzt.

1.4.6 Festigkeitsnachweis für die Druckwippe (Pos. 5)

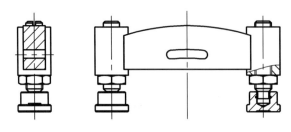

Bild 1-12
Komplette Druckwippe

Flächenpressung an den Druckstücken (Pos. 11)

$$p = 0,418 \cdot \sqrt{\frac{F \cdot E}{r \cdot l}} \leq p_{zul}$$

$$= 0,418 \cdot \sqrt{\frac{0,794\,\text{kN} \cdot 130,8\,\text{kNmm}^{-2}}{3\,\text{mm} \cdot 9,4\,\text{mm}}}$$

$$= 802,2\,\text{Nmm}^{-2} > p_{zul} \; (= 122,5\,\text{Nmm}^{-2})$$

Flächenpressung nach Hertz, vgl. Kap. 1.4.5

$$F = \frac{F_P}{2}$$

$$= \frac{1,588\,\text{kN}}{2} = 0,794\,\text{kN}$$

Tangentialkraft am Druckzapfen, F_P vgl. Kap. 1.4.5, bei gleichen Hebellängen

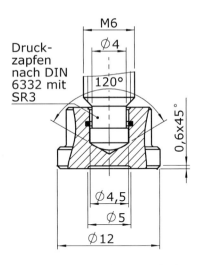

Bild 1-13 Druckstück der Druckwippe

$r = R = 3\,\text{mm}$ Kugelradius, vgl. Bild 1-13

$l = 2 \cdot \pi \cdot h$ Umfang der projizierten kreisförmigen Berührungsfläche, vgl. Bild 1-10

$\quad = 2 \cdot \pi \cdot 1,5\,\text{mm} = 9,4\,\text{mm}$

In Anlehnung an Bild 1-10 ist dann für dieses Druckstück:

$h = R \cdot \sin \alpha$ Kreisradius nach Bild 1-10

$\quad = 3\,\text{mm} \cdot \sin 30° = 1,5\,\text{mm}$

Auch hier ist die Flächenpressung nach Hertz zu hoch. Im Gegensatz zum Druckstück der Gewindespindel findet hier keine nennenswerte Gleitbewegung statt, die eine Kugelkalotte ausbilden würde. Eine entsprechende Bearbeitung der Druckstücke zur Ausbildung der Kalotte ist deshalb ratsam. Die Flächenpressung ist dann:

$$p = \frac{K_A \cdot F_{nenn}}{A_{proj}} \leq p_{zul}$$ Flächenpressung nach Gl. (9.4)

$$= \frac{1375\,\text{N}}{15,9\,\text{mm}^2} = 86,5\,\text{Nmm}^{-2} < p_{zul} \; (= 122,5\,\text{Nmm}^{-2})$$

$$K_A \cdot F_{nenn} = F_{Dr} = \frac{F_{ges}}{2}$$ Verteilung der Gesamtkraft auf zwei Druckstücke, vgl. Bild 1-12

$$= \frac{2750\,\text{N}}{2} = 1375\,\text{N}$$

$$A_{\text{proj}} = D_K^2 \cdot \frac{\pi}{4}$$

$$= 4,5^2\,\text{mm}^2 \cdot \frac{\pi}{4} = 15,9\,\text{mm}^2$$

projizierte Fläche des kugelförmigem Gewindespindel-Druckzapfens

$$D_K = 4,5\,\text{mm}$$

Durchmesser des Druckzapfens, vgl. Bild 1-13

$$p_{\text{zul}} = 0,25 \cdot R_m$$

$$= 0,25 \cdot 490\,\text{Nmm}^{-2} = 122,5\,\text{Nmm}^{-2}$$

zul. Flächenpressung bei Schwellbelastung für nicht gleitende Flächen nach Legende zu Gl. 9.4)

Flächenpressung Druckstück (Pos. 11) **– Werkstück**

$$p = \frac{F_{\text{Dr}}}{A} \le p_{\text{zul}}$$

$$= \frac{1375\,\text{N}}{72\,\text{mm}^2} = 16,4\,\text{Nmm}^{-2} < p_{\text{zul}}\,(= 90\,\text{Nmm}^{-2})$$

Belastung F pro Druckstück:

$$F_{\text{Dr}} = \frac{F_{\text{ges}}}{2}$$

$$= \frac{2,75\,\text{kN}}{2} = 1,375\,\text{kN}$$

$$F_{\text{ges}} = F = 2,75\,\text{kN}$$

da gleiche Hebellängen ($l_G = l_{\text{ges}} = 60$ mm)

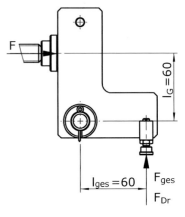

Bild 1-14
Hebel mit Wippe und Druckstück

$$A = (D^2 - d^2) \cdot \frac{\pi}{4}$$

$$= (10,8^2 - 5^2)\,\text{mm}^2 \cdot \frac{\pi}{4} \approx 72\,\text{mm}^2$$

$$D = 12\,\text{mm} - 2 \cdot 0,6\,\text{mm} = 10,8\,\text{mm}$$

$$d = 5\,\text{mm}$$

siehe Bild 1-13

$$p_{\text{zul}} = 0,25 \cdot K_t \cdot R_{m\,N}$$

$$= 0,25 \cdot 1,0 \cdot 360\,\text{Nmm}^{-2} = 90\,\text{Nmm}^{-2}$$

zul. Flächenpressung am Werkstück nach Legende zu Gl. (9.4)

$$K_t = 1,0$$

techn. Größeneinflussfaktor für $t = 15$ mm nach TB 3-11a), Linie 1

$$R_{m\,N} = 360\,\text{Nmm}^{-2}$$

Zugfestigkeit für S235JR nach TB 1-1

Flächenpressung zwischen Druckwippe (Pos. 5) **und Winkelhebel** (Pos. 4)

$$p = \frac{F_{\text{ges}}}{A_{\text{proj}}} \leq p_{\text{zul}}$$

$$= \frac{2750\,\text{N}}{256\,\text{mm}^2} = 10,7\,\text{Nmm}^{-2} < p_{\text{zul gemittelt}}\ (= 12,5\,\text{Nmm}^{-2})$$

$A_{\text{proj}} = b \cdot l$ projizierte Fläche der bogenförmigen Auflage-
fläche, vgl. Bild 1-15

$\quad = 8\,\text{mm} \cdot 32\,\text{mm} = 256\,\text{mm}^2$

$p_{\text{zul}} = 10.....15\,\text{Nmm}^{-2}$ zul. Flächenpressung für gleitende Flächen
(Bewegungsschrauben) St auf St nach TB 8-18

Festigkeitsnachweis für die Schweißnaht an der Druckwippe (Pos. 5)

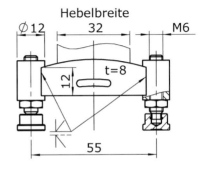

Bild 1-15 Schweißverbindung an der Wippe

$$\sigma_{\perp b} = \frac{M}{I_{\text{w}}} \cdot y = \frac{M}{W_{\text{wb}}} \qquad \text{Biegespannung nach Gl. (6.19)}$$

$$= \frac{8250\,\text{Nmm}}{192\,\text{mm}^3} \approx 43,0\,\text{Nmm}^{-2}$$

$M = F \cdot l$

$\quad = 1375\,\text{N} \cdot 6\,\text{mm} = 8250\,\text{Nmm}$

$l = 12\,\text{mm}/2 = 6\,\text{mm}$ Hebelarm, vgl. Bild 1-15

$F = F_{\text{Dr}} = 1,375\,\text{kN}$ Kraft an einem Druckstück, vgl. Abschnitte
zuvor

$$W_{\text{wb}} = \frac{t \cdot h^2}{6} \qquad\qquad \text{Widerstandsmoment der DHV-Naht}$$

$$= \frac{8\,\text{mm} \cdot (12\,\text{mm})^2}{6} = 192\,\text{mm}^3$$

$$\tau_{\parallel} = \frac{F_{\text{Dr}}}{A_{\text{wS}}} \qquad\qquad \text{Schubspannung nach Gl. (6.20)}$$

$$= \frac{1375\,\text{N}}{96\,\text{mm}^2} = 14,3\,\text{Nmm}^{-2}$$

$$A_{\text{wS}} = t \cdot h \qquad\qquad \text{Querschnittsfläche der Schweißnaht mit } t \text{ und } h \text{ nach Bild 1-15}$$

$$= 8\,\text{mm} \cdot 12\,\text{mm} = 96\,\text{mm}^2$$

$$\sigma_{wv} = 0,5 \cdot \left(\sigma_\perp + \sqrt{\sigma_\perp^2 + 4 \cdot \tau_\parallel^2} \right) \le \sigma_{w\,zul}$$ Vergleichsspannung nach Gl. (6.27)

$$= 0,5 \cdot \left(43,0\,\mathrm{Nmm}^{-2} + \sqrt{(43,0\,\mathrm{Nmm}^{-2})^2 + 4 \cdot (14,3\,\mathrm{Nmm}^{-2})^2} \right)$$

$$= 73,3\,\mathrm{Nmm}^{-2} < \sigma_{w\,zul} \ (= 80\,\mathrm{Nmm}^{-2})$$

$$\sigma_{w\,zul} = b \cdot \sigma_{w\,zul}^*$$

$$= 1,0 \cdot 80\,\mathrm{Nmm}^{-2} = 80\,\mathrm{Nmm}^{-2}$$

$b = 1,0$ Dickenbeiwert für geschweißte Bauteile im Maschinenbau für $t = 8$ mm nach TB 6-14

$\sigma_{w\,zul}^* = 80\,\mathrm{Nmm}^{-2}$ zul. Spannung für unbearbeitete DHV-Naht-Schweißverbindung von S235JR nach Linie E5, TB 6-13a), siehe auch Hinweis TB 6-12, Zeile E1, Punkt 8 für Schwellbelastung ($\kappa = 0$)

Hinweis: Die aus TB 6-12 abgelesene zulässige Spannung muss noch um den Dickenbeiwert aus TB 6-13 abgemindert werden. Um die endgültigen Spannungen von den vorläufigen Spannungen ohne Berücksichtigung des Dickenbeiwerts unterscheiden zu können, werden diese entsprechend unterschiedlich bezeichnet ($\sigma^*_{w\,zul}$ / $\sigma_{w\,zul}$ bzw. $\tau^*_{w\,zul}$ / $\tau_{w\,zul}$).

1.4.7 Festigkeitsnachweis für den Bolzen (Pos. 17)

Dimensionierung nach Gl. (9.1)

$$d \approx k \cdot \sqrt{\frac{K_A \cdot F_{nenn}}{\sigma_{b\,zul}}}$$

$$= 1,9 \cdot \sqrt{\frac{1,1 \cdot 3,54 \cdot 10^3\,\mathrm{N}}{76,0\,\mathrm{Nmm}^{-2}}} = 13,6\,\mathrm{mm}$$

gewählt: $d = 16$ mm nach TB 9-2

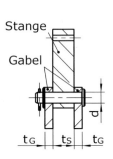
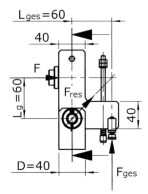

Bild 1-16 Hebel mit Bolzen

$k = 1,9$ Einspannfaktor für den Einbaufall 1, Bolzen mit Spielpassung in Stange und Gabel bei Gleitverbindung nach Legende zu Gl. (9.1)

$K_A = 1,1$ Anwendungsfaktor bei gleichmäßiger Belastung nach TB 3-5a)

$$F_{\text{nenn}} = F_{\text{res}} = \sqrt{2 \cdot F^2}$$
$$= \sqrt{2 \cdot (2,5\,\text{kN})^2} = 3,54\,\text{kN}$$

$F = F^* = F_{\text{ges}} = 2,5\,\text{kN}$ | Kraftermittlung, vgl. Kap. 1.4.1

$\sigma_{\text{b zul}} = 0,2 \cdot R_{\text{m}}$ | zulässige Biegespannung für 11SMn37 nach Legende zu Gl. (9.1)
$= 0,2 \cdot 380\,\text{Nmm}^{-2} = 76,0\,\text{Nmm}^{-2}$

$R_{\text{m}} = K_{\text{t}} \cdot R_{\text{m N}}$
$= 1,0 \cdot 380\,\text{Nmm}^{-2} = 380\,\text{Nmm}^{-2}$

$K_{\text{t}} = 1,0$ | technologischer Größeneinflussfaktor für $d < 100$ mm nach TB 3-11a), Linie 1

$R_{\text{m N}} = 380\,\text{Nmm}^{-2}$ | Zugfestigkeit für Normalstäbe aus 11SMn37 nach TB 1-1

Festigkeitsnachweis der Bolzenverbindung im Maschinenbau

$$\sigma_{\text{b}} \approx \frac{K_{\text{A}} \cdot M_{\text{b nenn}}}{0,1 \cdot d^3} \le \sigma_{\text{b zul}}$$ | Biegespannung im Bolzen nach Gl. (9.2)

$$= \frac{1,1 \cdot 20,36 \cdot 10^3\,\text{Nmm}}{0,1 \cdot (16\,\text{mm})^3} = 54,7\,\text{Nmm}^{-2} < \sigma_{\text{b zul}}\ (= 76,0\,\text{Nmm}^{-2})$$

$t_{\text{S}} = 1,6 \cdot d$ | Richtwert für Stangendicke für gleitende Flächen nach R/M: Kap. 9.2.2-2
$= 1,6 \cdot 16\,\text{mm} \approx 26\,\text{mm}$

$t_{\text{G}} = 0,6 \cdot d$ | Richtwert für Gabeldicke für gleitende Flächen nach R/M: Kap. 9.2.2-2
$= 0,6 \cdot 16\,\text{mm} \approx 10\,\text{mm}$

$$M_{\text{b nenn}} = M_{\text{b max}} = \frac{F_{\text{Bolzen}} \cdot (t_{\text{S}} + 2 \cdot t_{\text{G}})}{8}$$ | Momentengleichung nach Einbaufall 1 (Spiel in Bolzen-Gabel und Bolzen-Stange)
$$= \frac{3,54 \cdot 10^3\,\text{N} \cdot (26\,\text{mm} + 2 \cdot 10\,\text{mm})}{8}$$ | vgl. R/M: Kap. 9.2.2-1
$$= 20,36 \cdot 10^3\,\text{Nmm}$$

$F_{\text{Bolzen}} = F_{\text{res}} = 3,54 \cdot 10^3\,\text{N}$ | maximale Bolzenbelastung, vgl. Abschnitt zuvor

Hinweis: Die Stangenbreite t_{S} und Gabelbreite t_{G} werden dem verwendeten Druckstückdurchmesser angepasst: $t_{\text{S}} = 32$ mm, $t_{\text{G}} = 12$ mm. Wegen der zu erwartenden vergrößerten Biegespannung muss der Nachweis mit den realen Verhältnissen erneut durchgeführt werden.

Festigkeitsnachweis der Bolzenverbindung mit den vorhandenen Abmessungen

$$\sigma_b = \frac{K_A \cdot M_{bnenn}}{0,1 \cdot d^3} \le \sigma_{bzul}$$

$$= \frac{1,1 \cdot 24,78 \cdot 10^3 \, \text{Nmm}}{0,1 \cdot (16\,\text{mm})^3} = 66,6\,\text{Nmm}^{-2} < \sigma_{bzul} \; (= 76,0\,\text{Nmm}^{-2})$$

$$M_{b\,nenn} = M_{b\,max} = \frac{F_{Bolzen} \cdot (t_S + 2 \cdot t_G)}{8}$$

$$= \frac{3,54 \cdot 10^3 \; N \cdot (32\,\text{mm} + 2 \cdot 12\,\text{mm})}{8} = 24,78 \cdot 10^3 \, \text{Nmm}$$

$D = 2,5 \cdot d$

$\quad = 2,5 \cdot 16\,\text{mm} = 40\,\text{mm}$

Nabendurchmesser nach R/M: Bild 9-2a) und Text zu Kap. 9.2.2-2

$$p = \frac{K_A \cdot F_{Bolzen}}{A_{proj}} \le p_{zul}$$

Flächenpressung nach Gl. (9.4)

$$= \frac{1,1 \cdot 3,54 \cdot 10^3 \, \text{N}}{384\,\text{mm}^2} = 10,1\,\text{Nmm}^{-2} < p_{zul} \; (= 17,5\,\text{Nmm}^{-2})$$

$A_{proj} = 2 \cdot d \cdot t_G$

$\quad = 2 \cdot 16\,\text{mm} \cdot 12\,\text{mm} = 384\,\text{mm}^2$

projizierte Bolzenfläche

$p_{zul} = 0,7 \cdot 25\,\text{Nmm}^{-2} = 17,5\,\text{Nmm}^{-2}$

zul. Flächenpressung bei niedriger Gleitgeschwindigkeit für St gehärtet auf St gehärtet und schwellender Belastung nach TB 9-1

Hinweis: Der Bolzen ist im ungehärteten Zustand. Wegen der geringen Schwenkbewegung ist aber von angenähert statischen Zuständen auszugehen, wodurch die tatsächliche Festigkeit höher ist. Weiter ist ein Versagensfall erst bei hoher Wiederholungszahl zu erwarten und in diesem Fall auch unkritisch.

1.4.8 Festigkeitsnachweis für den Winkelhebel (Pos. 4)

Eine Bruchgefahr tritt bei dem im Bild 1-17 dargestellten Winkelhebel an der Stelle auf, an der der Übergangsradius zu den Hebelarmen ausläuft. Da an dem waagerechten Hebelarm der Abstand von dieser Stelle zur Krafteinleitung am größten ist ($l_g = 32$ mm) und die Querschnitte gleich sind, muss hier ein Festigkeitsnachweis durchgeführt werden.

Zur Vereinfachung der Rechnung wird der Festig-
keitsnachweis mit der zulässigen Biegespannung aus
R/M: TB 6-13, Linie A für nicht geschweißte
Bauteile durchgeführt. Eine Berücksichtigung der
Kerbwirkung kann bei der Größe des Radius'
vernachlässigt werden.

Zur Gestaltung: Der Übergang zwischen den Schen-
keln wurde innen mittels Radius und außen durch
eine Fase realisiert. Der Innenradius sollte möglichst
groß gewählt werden, um die Kerbwirkung klein zu
halten. Auch lassen sich Innenradien leichter fertigen. Auf Außenradien wurde verzichtet, da bei
Einzelfertigung der Aufwand groß ist.

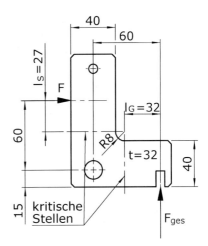

Bild 1-17 Winkelhebel

$$\sigma_b = \frac{M}{W_b} \leq \sigma_{b\,zul}$$

Biegespannung (allgemein)

$$= \frac{88\,000\,\text{Nmm}}{8533\,\text{mm}^3} = 10,3\,\text{Nmm}^{-2} < \sigma_{b\,zul}\,(= 133,5\,\text{Nmm}^{-2})$$

$$M = F_{ges} \cdot l_G$$

maximales Biegemoment

$$= 2,75 \cdot 10^3\,\text{N} \cdot 32\,\text{mm} = 88\,000\,\text{Nmm}$$

$F_{ges} = 2,75\,\text{kN}$ Kraft an den Druckstücken, vgl. Kap. 1.4.1

$l_G = 32\,\text{mm}$ Hebelarm bis Radius, vgl. Bild 1-17

Hinweis: Die Berechnung der Schubbelastung entfällt, da die Scherfläche zur Übertragung der
Querkraft nicht genau definiert werden kann und vernachlässigbar klein ist.

$$W_b = \frac{t \cdot h^2}{6}$$

allgemeines Widerstandsmoment für Rechteckquerschnitte

$$= \frac{32\,\text{mm} \cdot 40^2\,\text{mm}^2}{6} \approx 8533\,\text{mm}^3$$

$$\sigma_{b\,zul} = b \cdot \sigma_{zul}^*$$

$$= 0,89 \cdot 150\,\text{Nmm}^{-2} = 133,5\,\text{Nmm}^{-2}$$

$b = 0,89$ Dickenbeiwert für $t = 32$ mm, nach TB 6-14

$\sigma_{zul}^* = 150\,\text{Nmm}^{-2}$ zul. Biegespannung für nicht geschweißte
Bauteile aus S235JR aus TB 6-13a) nach
Linie A, Schwellbelastung ($\kappa = 0$)

1.4.9 Festigkeitsnachweis für den Schweißanschluss zwischen Lagerbock (Pos 1.3) und Grundplatte (Pos. 1.1)

Bestimmung der Kehlnahtdicke a

$a \leq 0,7 \cdot t_{min}$ nach Gl. (6.16a)

$\quad = 0,7 \cdot 12\,mm = 8,4\,mm$

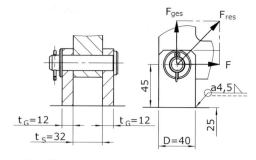

$a \geq \sqrt{t_{max}} - 0,5\,mm$ nach Gl. (6.16b)

$\quad = \sqrt{25\,mm} - 0,5\,mm = 4,5\,mm$

gewählte Nahtdicke: $a = 4,5\,mm$

Bild 1-18 Lagerbock

Nachweis der Schweißnaht

Bestimmung der Zugspannung

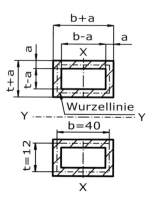

$\sigma_{\perp z} = \dfrac{F_{ges}}{2 \cdot A_w}$ nach Gl. (6.18) für beide Lagerböcke

$\quad = \dfrac{2750\,N}{2 \cdot 468\,mm^2} = 2,9\,Nmm^{-2}$

Bild 1-19 Schweißnahtanschluss

$F_{ges} = 2750\,N$ Zugkraft am Lagerbock, vgl. Bild 1-18 und Abschnitte zuvor

Berechnung der Schweißnahtfläche A_w, vgl. hierzu R/M: Text zu Bild 6-47b)

$A_w = 2 \cdot a \cdot (b + t)$ Schweißnahtanschluss für 2 Lagerböcke,

$\quad = 2 \cdot 4,5\,mm \cdot (40\,mm + 12\,mm) = 468\,mm^2$ Maße b und t nach Bild 1-19

Bestimmung der Biegespannung

$\sigma_{\perp b} = \dfrac{M}{2 \cdot W_{wb}}$ nach Gl. (6.19)

$\quad = \dfrac{123\,750\,Nmm}{2 \cdot 4189,0\,mm^3} = 14,8\,Nmm^{-2}$

$M = F \cdot l$

$\quad = 2750\,N \cdot 45\,mm = 123\,750\,Nmm$

Berechnung des axialen Widerstandsmoments W_{wb} der Schweißnahtfläche um die X-Achse, vgl. hierzu R/M: Text zu Bild 6-47b)

$$W_{wb} = \frac{\left[(t+a)\cdot(b+a)^3 - (t-a)\cdot(b-a)^3\right]}{6\cdot(b+a)}$$

$$= \frac{\left[(12+4,5)\,\text{mm}\cdot(40+4,5)^3\,\text{mm}^3 - (12-4,5)\,\text{mm}\cdot(40-4,5)^3\,\text{mm}^3\right]}{6\cdot(40+4,5)\,\text{mm}} \approx 4189,0\,\text{mm}^3$$

Bestimmung der maximalen Normalspannung

$$\sigma_\perp = \sigma_{\perp z} + \sigma_{\perp b}$$

$$= 2,9\,\text{Nmm}^{-2} + 14,8\,\text{Nmm}^{-2} = 17,7\,\text{Nmm}^{-2}$$

Bestimmung der Schubspannung

$$\tau_\parallel = \frac{F}{2\cdot A_{ws}} \qquad\qquad \text{nach Gl. (6.20)}$$

$$= \frac{2750\,\text{N}}{2\cdot 360\,\text{mm}^2} = 3,8\,\text{Nmm}^{-2}$$

Treten Normal- und Scherspannungen gleichzeitig auf, so sind für Kehlnähte die Berechnung der Scherspannungen nur die in Schubrichtung liegenden Nahtanteile heranzuziehen, vgl. hierzu auch Hinweise R/M zu Gl. (6.18) und Gl. (6.20).

$$A_{ws} = 2\cdot a\cdot b \qquad\qquad \text{Schweißnahtfläche in Schubrichtung vgl. Bild 1-19}$$

$$= 2\cdot 4,5\,\text{mm}\cdot 40\,\text{mm} = 360\,\text{mm}^2$$

Bestimmung der Vergleichsspannung

$$\sigma_{wv} = 0,5\cdot\left(\sigma_\perp + \sqrt{\sigma_\perp^2 + 4\cdot\tau_\parallel^2}\right) \le \sigma_{w\,zul} \qquad\qquad \text{nach Gl. (6.27)}$$

$$= 0,5\cdot\left(17,7\,\text{Nmm}^{-2} + \sqrt{(17,7\,\text{Nmm}^{-2})^2 + 4\cdot(3,8\,\text{Nmm}^{-2})^2}\right)$$

$$= 18,5\,\text{Nmm}^{-2} < \sigma_{w\,zul}\,(= 78,4\,\text{Nmm}^{-2})$$

$$\sigma_{w\,zul} = b\cdot\sigma_{w\,zul}^*$$

$$= 0,98\cdot 80\,\text{Nmm}^{-2} = 78,4\,\text{Nmm}^{-2}$$

$b = 0,98$ \qquad\qquad Dickenbeiwert für $t = 25$ mm nach TB 6-14

$\sigma_{w\,zul}^* = 80\,\text{Nmm}^{-2}$ \qquad\qquad zul. Spannung für S355JR aus TB 6-13a) nach Linie F, Schwellbelastung ($\kappa = 0$)

Bauteilnachweis für den Lagerbock (Pos. 1.3)

Da der Bauteilquerschnitt kleiner als die Schweißnaht-Anschlussfläche ist, muss für das Bauteil ein Festigkeitsnachweis geführt werden. Das Bauteil wird dabei mit der gleichen Zugkraft und dem gleichen Biegemoment belastet wie die Schweißnaht. Die Berechnung der Schubspannung entfällt, da die Scherfläche zur Übertragung der Querkraft nicht genau definiert werden kann und vernachlässigbar klein ist.

Bestimmung der Zugspannung

$$\sigma_z = \frac{F_{ges}}{2 \cdot A}$$ Zugspannung (allgemein)

$$= \frac{2750\,\text{N}}{2 \cdot 480\,\text{mm}^2} \approx 2,9\,\text{Nmm}^{-2}$$

$$A = b \cdot t$$ Bauteilquerschnitt für einen Lagerbock, Maße b und t nach Bild 1-18

$$= 40\,\text{mm} \cdot 12\,\text{mm} = 480\,\text{mm}^2$$

Bestimmung der Biegespannung

$$\sigma_b = \frac{M}{2 \cdot W_b}$$ Biegespannung (allgemein) mit Biegemoment aus vorherigem Abschnitt

$$= \frac{123\,750\,\text{Nmm}}{2 \cdot 3200\,\text{mm}^3} = 19,3\,\text{Nmm}^{-2}$$

$$W_b = \frac{t \cdot b^2}{6}$$ axiales Widerstandsmoment für einen Lagerbock nach Bild 1-18

$$= \frac{12\,\text{mm} \cdot 40^2\,\text{mm}^2}{6} \approx 3200\,\text{mm}^3$$

Bestimmung der maximalen Normalspannung

$$\sigma_{max} = \sigma_z + \sigma_b \leq \sigma_{zul}$$

$$= 2,9\,\text{Nmm}^{-2} + 19,3\,\text{Nmm}^{-2} = 22,2\,\text{Nmm}^{-2} < \sigma_{zul}\,(= 78,4\,\text{Nmm}^{-2})$$

$$\sigma_{zul} = \sigma_{w\,zul} = b \cdot \sigma_{zul}^*$$ zul. Spannung für das Bauteil in Nahthöhe

$$= 0,98 \cdot 80\,\text{Nmm}^{-2} = 78,4\,\text{Nmm}^{-2}$$

$$b = 0,98$$ Dickenbeiwert für $t = 12$ mm nach TB 6-14

$$\sigma_{w\,zul}^* = 80\,\text{Nmm}^{-2}$$ zul. Biegespannung für Bauteile S355JR aus TB 6-13a) nach Linie F, Schwellbelastung ($\kappa = 0$)

Hinweis: Bei einem Spannungsnachweis für ein Bauteil richtet sich der Dickenbeiwert immer nach der Dicke dieses Bauteils (hier der schmalere Lagerbock).

1.4.10 Festigkeitsnachweis für die Schweißnaht zwischen Spindelaufnahme (Pos 1.2) und Grundplatte (Pos. 1.1)

Bestimmung der Kehlnahtdicke a

$a \leq 0,7 \cdot t_{min}$ nach Gl. (6.16a)

$= 0,7 \cdot 25\,mm = 17,5\,mm$

$a \geq \sqrt{t_{max}} - 0,5\,mm$ nach Gl. (6.16b)

$= \sqrt{35\,mm} - 0,5\,mm = 5,4\,mm$

gewählte Nahtdicke: $a = 6\,mm$

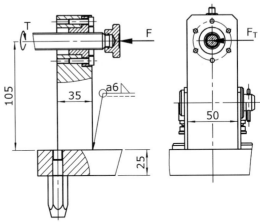

Bild 1-20 Spindelaufnahme

Nachweis der Schweißnaht

Bestimmung der Biegespannung

Die Biegespannung tritt in zwei Richtungen auf:

1. durch die Spindelkraft F in Richtung der Spindelachse

2. durch die vom Spindeltorsionsmoment verursachte Kraft F_t quer zu Spindelachse.

Diese zwei Biegemomente addieren sich in einem Eckpunkt des Schweißanschlusses zu der maximalen Biegespannung (siehe Skizze Bild 1-21).

$$\sigma_{\perp wbx} = \frac{M_x}{W_{wbx}}$$

$$= \frac{288\,750\,Nmm}{11327\,mm^3} = 25,5\,Nmm^{-2}$$

Biegespannung durch die Spindelkraft F nach Gl. (6.19)

$M_x = F \cdot h$

$= 2\,750\,N \cdot 105\,mm = 288\,750\,Nmm$

Biegemoment durch die Spindelkraft F

$F = 2750\,N$ Spindelkraft, vgl. Kap. 1.4.1

$h = 105\,mm$ Angriffshöhe der Spindelkraft, vgl. Bild 1-20

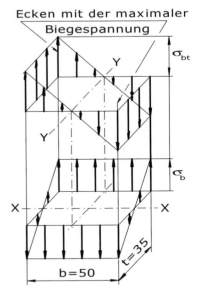

Bild 1-21
Biegespannung in der Spindelaufnahme

Berechnung des axialen Widerstandsmoments W_{wbx} der Schweißnahtfläche, vgl. Text R/M zu Bild 6-47b)

$$W_{wbx} = \frac{\left[(b+a)\cdot(t+a)^3 - (b-a)\cdot(t-a)^3\right]}{6\cdot(t+a)}$$

$$= \frac{\left[(50+6)mm\cdot(35+6)^3\,mm^3 - (50-6)mm\cdot(35-6)^3\,mm^3\right]}{6\cdot(35+6)mm} \approx 11327\,mm^3$$

$$\sigma_{\perp wby} = \frac{M_t}{W_{wby}}$$ Biegespannung durch das Torsionsmoment

$$= \frac{381000\,Nmm}{14077,1\,mm^3} = 27,0\,Nmm^{-2}$$

$$M_t = T = 3,81\cdot10^3\,Nmm$$ Torsionsmoment in der Spindel, vgl. auch Kap. 1.4.1

$$W_{wby} = \frac{\left[(t+a)\cdot(b+a)^3 - (t-a)\cdot(b-a)^3\right]}{6\cdot(b+a)}$$ axiales Widerstandsmoment bezogen auf die y-Achse

$$= \frac{\left[(35+6)mm\cdot(50+6)^3\,mm^3 - (35-6)mm\cdot(50-6)^3\,mm^3\right]}{6\cdot(50+6)mm} \approx 14077\,mm^3$$

Bestimmung der maximalen Normalspannung

$$\sigma_\perp = \sigma_{\perp wbx} + \sigma_{\perp wby}$$

$$= 25,5\,Nmm^{-2} + 27,0\,Nmm^{-2} = 52,5\,Nmm^{-2}$$

Bestimmung der Schubspannung

$$\tau_{||} = \frac{F_t}{A_{ws}}$$ nach Gl. (6.20)

$$= \frac{3629\,N}{600\,mm^2} = 6,0\,Nmm^{-2}$$

Schubkraft am Schweißanschluss durch das Torsionsmoment

$$F_t = \frac{T}{r}$$ Tangentialkraft vgl. Bild 1-20

$$= \frac{381000\,Nmm}{105\,mm} \approx 3629\,N$$

$$T = M_t = 3,81\cdot10^3\,Nmm$$ Torsionsmoment in der Spindel, vgl. auch Kap. 1.4.1

$$r = 105\,mm$$ Höhenmaß der Gewindespindel, vgl. Bild 1-20

Treten Normal- und Scherspannungen auf, sind für die Berechnung der Scherspannungen einer Kehlnaht nur die in Schubrichtung liegenden Nahtanteile relevant; vgl. Hinweise R/M zu Gl. (6.18) und Gl. (6.20).

$$A_{\text{ws}} = 2 \cdot a \cdot b \qquad \qquad \text{Schubnähte in Kraftrichtung}$$

$$= 2 \cdot 6\,\text{mm} \cdot 50\,\text{mm} = 600\,\text{mm}^2$$

Bestimmung der Vergleichsspannung

$$\sigma_{\text{wv}} = 0,5 \cdot \left(\sigma_\perp + \sqrt{\sigma_\perp^2 + 4 \cdot \tau_\parallel^2} \right) \le \sigma_{\text{w zul}} \qquad \text{nach Gl. (6.27)}$$

$$= 0,5 \cdot \left(52,5\,\text{Nmm}^{-2} + \sqrt{(52,5\,\text{Nmm}^{-2})^2 + 4 \cdot (6,0\,\text{Nmm}^{-2})^2} \right)$$

$$= 53,2\,\text{Nmm}^{-2} < \sigma_{\text{w zul}} \; (= 69,6\,\text{Nmm}^{-2})$$

$$\sigma_{\text{w zul}} = b \cdot \sigma_{\text{zul}}^* \qquad \qquad \text{zul. Spannung für die Schweißnaht}$$

$$= 0,87 \cdot 80\,\text{Nmm}^{-2} = 69,6\,\text{Nmm}^{-2}$$

$$b = 0,87 \qquad \qquad \text{Dickenbeiwert für } t = 35\,\text{mm}$$
$$\text{nach TB 6-14, vgl. Bild 1-20}$$

$$\sigma_{\text{w zul}}^* = 80\,\text{Nmm}^{-2} \qquad \qquad \text{zul. Spannung für S355JR aus TB 6-13a)}$$
$$\text{nach Linie F, Schwellbelastung } (\kappa = 0)$$

Festigkeitsnachweis für das Bauteil

Da der Bauteilquerschnitt kleiner als die Schweißnaht-Anschlussfläche ist, muss für das Bauteil ein Festigkeitsnachweis geführt werden. Das Bauteil wird dabei mit den gleichen Biegemomenten belastet wie die Schweißnaht. Die Berechnung der Schubspannung entfällt, da die Scherfläche zur Übertragung der Querkraft nicht genau definiert werden kann und vernachlässigbar klein ist.

Bestimmung der maximalen Biegespannung

$$\sigma_{\text{bx}} = \frac{M}{W_{\text{bx}}} \qquad \qquad \text{Biegespannung durch die Spindelkraft } F$$

$$= \frac{288\,750\,\text{Nmm}}{10\,208\,\text{mm}^3} = 28,3\,\text{Nmm}^{-2}$$

$$W_{\text{bx}} = \frac{b \cdot t^2}{6} \qquad \qquad \text{axiales Widerstandsmoment des Bauteils um}$$
$$\text{die X-Achse mit } b \text{ und } t \text{ nach Bild 1-20}$$

$$= \frac{50\,\text{mm} \cdot (35\,\text{mm}^2)^2}{6} \approx 10\,208\,\text{mm}^3$$

$$\sigma_{by} = \frac{M_t}{W_{by}}$$

Biegespannung durch das Torsionsmoment

$$= \frac{381000\,\text{Nmm}}{14583\,\text{mm}^3} = 26,1\,\text{Nmm}^{-2}$$

$M_t = T = 3,81 \cdot 10^3\,\text{Nmm}$

Torsionsmoment in der Spindel, vgl. auch Kap. 1.4.1

$$W_{by} = \frac{b \cdot t^2}{6}$$

axiales Widerstandsmoment des Bauteils um die Y-Achse mit b und t nach Bild 1-20

$$= \frac{35\,\text{mm} \cdot (50\,\text{mm}^2)^2}{6} \approx 14583\,\text{mm}^3$$

Bestimmung der maximalen Normalspannung

$$\sigma_{max} = \sigma_{bx} + \sigma_{by} \leq \sigma_{b\,zul}$$

$$= 28,3\,\text{Nmm}^{-2} + 26,1\,\text{Nmm}^{-2} = 54,4\,\text{Nmm}^{-2} < \sigma_{zul}\,(= 69,6\,\text{Nmm}^{-2})$$

Für das Bauteil gilt im Bereich des Schweißanschlusses die gleiche zulässige Spannung wie für die Schweißnaht

$$\sigma_{zul} = b \cdot \sigma^*_{w\,zul}$$

$$= 0,87 \cdot 80\,\text{Nmm}^{-2} = 69,6\,\text{Nmm}^{-2}$$

$b = 0,87$

Dickenbeiwert für Bauteildicke 35 mm nach TB 6-14, vgl. Bild 1-20

$\sigma^*_{w\,zul} = 80\,\text{Nmm}^{-2}$

zul. Spannung, vgl. Abschnitt zuvor

1.4.11 Auslegung der Druckfeder (Pos. 15)

Vorüberlegung zur Auslegung der Feder

Die Handkraft zum Zurückdrücken der Zentrierplatte um maximal 6 mm beim Einlegen des Werkstücks soll möglichst 50 N nicht überschreiten. Das Eigengewicht der Zentrierplatte beträgt $m_G \approx 0,5$ kg. Damit sichergestellt ist, dass die Zentrierplatte in der Ausgangsposition bleibt, wird die Anpresskraft an den Anschlag mit mindestens 10 N festgesetzt. Daraus ergeben sich bei 3 Schraubendruckfedern folgende Zusammenhänge:

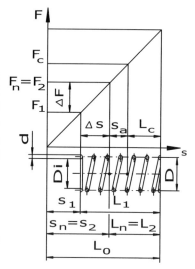

$\Delta s = 6\,\text{mm}$ gewünschter Federweg

$\Delta F = F_n - F_1$
$= 18,3\,\text{N} - 5\,\text{N} = 13,3\,\text{N}$ Kraftdifferenz zwischen Federendlagen

Bild 1-22 Schraubendruckfedern: Belastungsdiagramm

$$F_n = F_2 = F = \frac{F_{H\,max} + F_G}{z}$$

$$= \frac{50\,N + 5\,N}{3} = 18,3\,N$$

$F_{H\,max} = 50\,N$ \hspace{2cm} geschätzte maximale Handkraft zum Zurückdrücken der Zentrierplatte

$F_G = m_G \cdot g$ \hspace{2cm} Gewichtskraft der Zentrierplatte mit überschlägig

$= 0,5\,kg \cdot 9,81\,ms^{-2} \approx 5\,N$ \hspace{1cm} bestimmter Masse $m_G = 50$ kg der Zentrierplatte

$$F_1 = \frac{F_{p\,min} + F_G}{z}$$ \hspace{2cm} Vorspannkraft der Feder

$$= \frac{10\,N + 5\,N}{3} = 5,0\,N$$

$F_{p\,min} = 10\,N$ \hspace{2cm} Mindestanpresskraft der Zentrierplatte am Anschlag in der Ausgangsposition

Vorauswahl des Drahtdurchmessers

$d = k_1 \cdot \sqrt[3]{F \cdot D_i} + k_2$ \hspace{2cm} Federdrahtdurchmesser nach Gl. (10.42)

$= 0,15 \cdot \sqrt[3]{18,3\,N \cdot 9\,mm} + 0,050 \approx 0,87\,mm$

$k_1 = 0,15$ \hspace{2cm} Faktor für Drahtsorte SM (bei $d \le 5$ mm) nach Legende zu Gl. (10.42)

$D_i = 9\,mm$ \hspace{2cm} Innendurchmesser Feder, durch Stift Pos. 22 ($d = 8$ mm) vorgegeben

$$k_2 \approx \frac{2 \cdot \left(k_1 \cdot \sqrt[3]{F \cdot Di} \right)^2}{3 \cdot Di}$$ \hspace{2cm} Faktor nach Legende zu Gl. (10.42)

$$= \frac{2 \cdot \left(0,15 \cdot \sqrt[3]{18,3\,N \cdot 9\,mm} \right)^2}{3 \cdot 9\,mm} = 0,050$$

$d = 0,85\,mm$ \hspace{2cm} gewählter Drahtdurchmesser entsprechend TB 10-2a)

Festigkeitsnachweis für den gespannten Zustand

$$\tau_2 = \frac{F_2 \cdot D/2}{\pi/16 \cdot d^3} \le \tau_{zul}$$ \hspace{2cm} vorhandene Schubspannung nach Gl. (10.43), gespannt

$$= \frac{18,3\,N \cdot 9,85\,mm/2}{\pi/16 \cdot (0,85\,mm)^3} \approx 747,4\,Nmm^2 < \tau_{zul}\ (= 1020\,Nmm^{-2})$$

$D = D_i + d$

$\quad = 9\,\text{mm} + 0,85\,\text{mm} = 9,85\,\text{mm}$

mittlerer Windungsdurchmesser

$\tau_{\text{zul}} \approx 1020\,\text{Nmm}^{-2}$

zulässige Schubspannung nach
TB 10-11a), Drahtsorte SM

Alternativ kann die zulässige Schubspannung gerechnet werden:

$\tau_{\text{zul}} \approx 0,5 \cdot R_{\text{m}}$

$\quad \approx 0,5 \cdot 2032,2\,\text{Nmm}^{-2} = 1016,1\,\text{Nmm}^{-2}$

zulässige Schubspannung mit Formel aus
TB 10-11a)

$R_{\text{m}} \approx 1980 - 740 \cdot \lg d$

$\quad = 1980 - 740\lg 0,85 \approx 2032,2\,\text{Nmm}^{-2}$

Mindestzugfestigkeit nach TB 10-2c)

Federgeometrie

Anzahl der federnden Windungen

$$n' = \frac{G}{8} \cdot \frac{d^4}{D^3 \cdot R_{\text{soll}}}$$

Anzahl der wirksamen
Windungen nach Gl. (10.45)

$$= \frac{81500\,\text{Nmm}^{-2} \cdot (0,85\,\text{mm})^4}{8 \cdot (9,85\,\text{mm})^3 \cdot 2,2\,\text{Nmm}^{-1}} \approx 2,53$$

$\rightarrow n = 2,5$ Anzahl der federnden Windungen

Hinweis: bei kaltgeformten Druckfedern muss die
Windungszahl auf ,5 gerundet werden, vgl. R/M:
Hinweis nach Gl. (10.36)

$G = 81500\,\text{Nmm}^{-2}$

Gleitmodul nach TB 10-1

$d = 0,85\,\text{mm}$

gewählter Drahtdurchmesser

$D = 9,85\,\text{mm}$

mittlerer Windungsdurchmesser,
vgl. Abschnitt zuvor

$R_{\text{soll}} = \dfrac{\Delta F}{\Delta s}$

$\quad = \dfrac{13,3\,\text{N}}{6\,\text{mm}} \approx 2,22\,\text{Nmm}^{-1}$

Soll-Federrate nach Gl. (10.51)

$\Delta F = 13,3\,\text{N}$

Kraftdifferenz zwischen Federendlagen, vgl. Abschnitte zuvor

$\Delta s = 6\,\text{mm}$

gewünschter Federweg, vgl. Abschnitte
zuvor

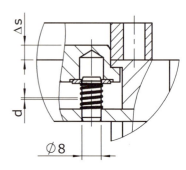

Bild 1-23 Anordnung der Druckfedern an der Zentrierplatte

tatsächliche Federrate

$$R_{ist} = \frac{G \cdot d^4}{8 \cdot D^3 \cdot n}$$

Ist-Federrate nach Gl. (10.46)

$$= \frac{81500\,\mathrm{Nmm}^{-2} \cdot (0,85\,\mathrm{mm})^4}{8 \cdot (9,85\,\mathrm{mm})^3 \cdot 2,5} \approx 2,23\,\mathrm{Nmm}^{-1}$$

Blocklänge

$$L_c \le n_t \cdot d_{max}$$

Blocklänge der Feder nach Gl. (10.38)

$$= 4,5 \cdot 0,865\,\mathrm{mm} \approx 3,9\,\mathrm{mm}$$

$$n_t = n + 2$$
$$= 2,5 + 2 = 4,5$$

Gesamtzahl der Windungen für kaltgeformte Druckfedern nach Gl. (10.36) mit $n = 2,5$

$$d_{max} = d + es$$
$$= 0,85\,\mathrm{mm} + 0,015\,\mathrm{mm} = 0,865\,\mathrm{mm}$$

maximaler Drahtdurchmesser

$$es = 0,015\,\mathrm{mm}$$

zulässige Abweichung vom Drahtdurchmesser für Drahtsorte SM nach TB 10-2a)

Länge der unbelasteten Feder

$$L_0 = s_n + L_c + S_a$$

Länge der unbelasteten Feder Gl. (10.40)

$$= 8,21\,\mathrm{mm} + 3,9\,\mathrm{mm} + 0,64\,\mathrm{mm} = 12,75\,\mathrm{mm}$$

$$s_n = \frac{F}{R_{ist}}$$

Vorspannweg + Federweg

$$= \frac{18,3\,\mathrm{N}}{2,23\,\mathrm{Nmm}^{-1}} = 8,21\,\mathrm{mm}$$

$$S_a = \left[0,0015 \cdot (D^2/d) + 0,1 \cdot d \right] \cdot n$$

Summe der Mindestabstände zwischen den Windungen nach Gl. (10.37)

$$= \left[0,0015 \cdot ((9,85\,\mathrm{mm})^2/0,85\,\mathrm{mm}) + 0,1 \cdot 0,85\,\mathrm{mm} \right] \cdot 2,5 \approx 0,64\,\mathrm{mm}$$

Länge der vorgespannten Feder (Werte vgl. Abschnitte zuvor)

$$L_1 = L_0 - \frac{F_1}{R_{ist}}$$

$$= 12,75\,\mathrm{mm} - \frac{5\,\mathrm{N}}{2,23\,\mathrm{Nmm}^{-1}} = 10,51\,\mathrm{mm}$$

Länge der gespannten Feder (Werte vgl. Abschnitte zuvor)

$$L_2 = L_0 - s_n$$

$$= 12,75\,\mathrm{mm} - 8,21\,\mathrm{mm} = 4,54\,\mathrm{mm}$$

Festigkeitsnachweis für den Blockzustand

$$\tau_{\mathrm{c}} = \frac{F_{\mathrm{c}} \cdot D/2}{\pi/16 \cdot d^3} \leq \tau_{\mathrm{zul}} \qquad \text{Spannungsnachweis (Blockzustand) nach Gl. (10.43)}$$

$$= \frac{19,74\,\mathrm{N} \cdot 9,85\,\mathrm{mm}/2}{\pi/16 \cdot (0,85\,\mathrm{mm})^3} = 806,3\,\mathrm{Nmm}^{-2} < \tau_{\mathrm{zul}}\,(=1140\,\mathrm{Nmm}^{-2})$$

$$F_{\mathrm{c}} = R_{\mathrm{ist}} \cdot s_{\mathrm{c}} \qquad\qquad\qquad \text{Federkraft bei Blocklänge mit tatsächlicher Federrate, vgl. zuvor}$$
$$= 2,23\,\mathrm{Nmm}^{-1} \cdot 8,85\,\mathrm{mm} = 44,02\,\mathrm{N}$$

$$s_{\mathrm{c}} = L_0 - L_{\mathrm{c}} \qquad\qquad\qquad \text{maximaler Federweg}$$
$$= 12,75\,\mathrm{mm} - 3,9\,\mathrm{mm} = 8,85\,\mathrm{mm}$$

$$D = 9,85\,\mathrm{mm} \qquad\qquad\qquad \text{mittlerer Windungsdurchmesser, vgl. Abschnitte zuvor}$$

$$\tau_{\mathrm{zul}} = 1140\,\mathrm{Nmm}^{-2} \qquad\qquad \text{zul. Schubspannung bei Blocklänge nach TB 10-11b) für Drahtsorte SM}$$

Ein Nachweis auf Knickung muss nicht erbracht werden, da die Feder durch einen Dorn (Bolzen) geführt wird.

Weitere Rahmenbedingungen

Für kaltgeformte Druckfedern sind nach DIN 2095 Gütevorschriften festgelegt. Die entsprechenden Rahmenbedingungen müssen eingehalten werden (vgl. R/M: Kap. 10.3.3-2: Ausführung):

$$d = 0,85\,\mathrm{mm} \leq 17\,\mathrm{mm} \qquad \text{Federdrahtdurchmesser}$$

$$D = 9,85\,\mathrm{mm} \leq 200\,\mathrm{mm} \qquad \text{mittlerer Federdurchmesser}$$

$$L_0 = 12,75\,\mathrm{mm} \leq 630\,\mathrm{mm} \qquad \text{Länge der ungespannten Feder}$$

$$n = 2,5 \geq 2 \qquad\qquad\qquad \text{Anzahl der wirksamen Windungen}$$

$$W = \frac{D}{d} \qquad\qquad\qquad\qquad \text{Winkelverhältnis liegt zwischen 4 und 20}$$
$$= \frac{9,85\,\mathrm{mm}}{0,85\,\mathrm{mm}} = 11,6$$

2 Konstruktion einer Stoßvorrichtung

2.1 Aufgabenstellung

Die Fertigung der beiden Passfedernuten in der abgebildeten Kupplungshülse aus E295 nach Bild 2-1 erfolgt auf einer Senkrechtstoßmaschine.

In einem Arbeitsgang kann mit der Stoßmaschine immer nur eine Nut gefertigt werden. Daher muss zur Erstellung der zweiten Nut das Werkstück gedreht werden. Die Fertigung soll folgendermaßen ablaufen:

1. Einlegen des Werkstücks in die Vorrichtung von Hand

2. Festklemmen des Werkstücks in einem Maschinenschraubstock

3. Fertigen der 1. Nut

4. Lösen des Werkstücks

5. Drehen des Werkstücks in die 2. Bearbeitungsposition

6. Fertigen der 2. Nut

7. Lösen des Werkstücks

8. Entnehmen des Werkstücks aus der Vorrichtung von Hand

Die Vorrichtung soll aus dem im Bild 2-2 dargestellten Maschinenschraubstock erstellt werden. Hierzu können die Spannbacken verändert oder durch geeignete Teile ersetzt werden. Es können auch Teile hinzugefügt werden.

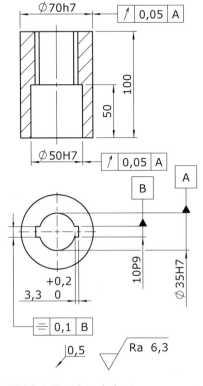

Bild 2-1 Kupplungshülse

Die Vorrichtung muss folgende Anforderungen erfüllen:

1. Nachdem die Vorrichtung auf dem Maschinentisch ausgerichtet ist, müssen die Nuten in der vorgeschriebenen Qualität gefertigt werden können.

2. Aus Sicherheitsgründen muss die Klemmkraft so groß sein, dass sich das Werkstück, unabhängig davon ob es aufliegt, unter der senkrechten Bearbeitungskraft $F_c = 250$ N nicht verschieben kann. Eine ergonomisch sinnvolle Handkraft beträgt $F_H = 150$ N.

3. Die Spannbacken dürfen keine Spannmarken auf dem Werkstück hinterlassen.

4. Die zu fertigende Nut soll auf der Seite der feststehenden Spannbacke liegen. Dabei ist davon auszugehen, dass das Stoßwerkzeug bis zur Mitte des Werkstücks reicht und einen Werkzeugauslauf von 5 mm benötigt.

5. Es ist eine möglichst kostengünstige Lösung anzustreben.

Lösungserwartung

- Entwicklung von mindestens zwei Lösungsvarianten mit Hilfe des Morphologischen Kastens
- Auswahl der geeigneten Variante mit Hilfe eines Bewertungsverfahrens
- Änderung des vorliegenden Maschinenschraubstocks (Bild 2-2), entsprechend der gewählten Variante, mit Darstellung der zu fertigenden Teile und mit allen für die Fertigung notwendigen Angaben
- Durchführung der notwendigen Berechnungen
- statischer Festigkeitsnachweis für die Gewindespindel

Einzusetzender Maschinenschraubstock

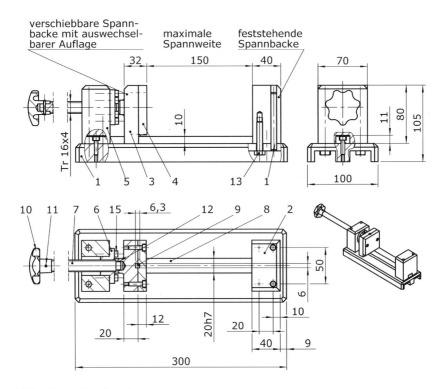

Bild 2-2 Maschinenschraubstock

Stückliste zum Maschinenschraubstock

Tabelle 2-1 Stückliste

1	2	3	4	5	6
Pos.	Men-ge	Ein-heit	Benennung	Sachnummer/Norm – Kurzbezeichnung	Bemerkung
1	1	Stck	Grundplatte	Fl EN 10058-100x25x300-S355JR	
2	1	Stck	Festbacke	Fl EN 10058-70x40x80-MgAl18ZnF29	
3	1	Stck	Losbacke	Fl EN 10058-70x30xB-S355	
4	1	Stck	Druckplatte	Fl EN 10058-70x68x12-C45	
5	1	Stck	Mutteraufnahme	Fl EN 10058-70x40x80-S355JR	
6	1	Stck	Flanschmutter	Best.nr. 644 770 16 EN-GJL	Fa. Mädler
7	1	Stck	Gewindespindel	Best.nr. 640 016 00 E295	Fa. Mädler
8	1	Stck	Führungsleiste	Fl EN 10058-10x20x282-C45	
9	1	Stck	Passfeder	DIN 6885-A6x6x63-St	
10	1	Stck	Sterngriff	DIN 6336-C50	
11	1	Stck	Spannstift	ISO 8752-3x20	
12	1	Stck	Sprengring	DIN 7993-B12	
13	4	Stck	Sechskantschraube	ISO 4018-M8x40-8.8	
14	4	Stck	Zylinderstift	ISO 2338-A-8m6x80	
15	7	Stck	Zylinderschraube	ISO 4762-M5x20-8.8	

				Datum	Name		
			Bearb.	06.07.06	Tt / Fl		Fachschule für Technik Maschinenbautechnik
			Gepr.				
			Norm.				
				Stoßvorrichtung		Blatt 1 von 1	
Zust.	Änderung	Datum	Name	(Urspr.)		Ers.f	Ers. d.:

2.2 Lösungsfindung

Morphologischer Kasten

Bei der Variantenbildung mit Hilfe des Morphologischen Kastens werden nur die Einzelfunktionen berücksichtigt, die bei dem Einsatz des vorgeschriebenen Schraubstocks noch zur Auswahl stehen. Aus Gründen der Übersichtlichkeit werden die Ausprägungen, die einer Variante zugeordnet werden, entsprechend angeordnet:

Tabelle 2-2 Morphologischer Kasten

Ausprägung ↓ Funktion →	Variante A	Variante B		
01 Positionierung des Werkstücks	durch Spannen in eine Dreiecksnut der Festbacke	durch Spannen in eine Dreiecksnut der Losbacke	durch Spannen in Dreiecksnuten beider Spannbacken	Werkstück mit Hilfe eines Zentrierdorns positionieren und dann spannen
02 Falsches Einlegen des Werkstücks verhindern	nur in die größere Bohrungsseite passende Zylinderstifte	nur in die größere Bohrungsseite passendes zylindrisches Aufnahmestück		
03 Änderung der Bearbeitungsposition	in die gefertigte Nut einrastende Flachfeder	in die gefertigte Nut einrastende federbewegte Sperrklinke		

Bewertung der Varianten

Tabelle 2-3 Nutzwertanalyse

Wertskala nach VDI 2225 mit Punktvergabe P von 0 bis 4: 0 = unbefriedigend, 1 = gerade noch tragbar, 2 = ausreichend, 3 = gut, 4 = sehr gut								
K = Kosten 1-fach / F = Funktion 2-fach / **W = K + F = Wertzahl**								
Einzelfunktion	**Variante A**	K	F	W	**Variante B**	K	F	W
1. Positionierung des Werkstücks	durch Spannen in die Festbacke mit Dreiecknut	$1 \times 3 = 3$	$2 \times 4 = 8$	$3 + 8 = 11$	durch Spannen in die Losbacke mit Dreiecksnut	$1 \times 4 = 4$	$2 \times 2 = 4$	$4 + 4 = 8$
Vorteile:	bei geringer Durchmessertoleranz genaue Positionierung				kostengünstig, da auf die Losbacke des Schraubstocks aufschraubbar			
Nachteile:	Genauigkeit der Zentrierung hängt von der Durchmessertoleranz ab				ungenaue Zentrierung durch Gewindespiel bei nicht geführten Backen			
2. Falsches Einlegen des Werkstücks verhindern	Zylinderstifte, die nur in die größere Bohrungsseite passen	$1 \times 4 = 4$	$2 \times 3 = 6$	$4 + 6 = 10$	zylindrisches Aufnahmestück, das nur in die größere Bohrungsseite passt	$1 \times 2 = 2$	$2 \times 4 = 8$	$2 + 8 = 10$
Vorteile:	Verwendung von Normteilen				bei großer Zylinderfase einfaches Einlegen des Werkstücks			
Nachteile:	Einlegen des Werkstücks ungünstiger				Teil muss extra angefertigt werden			
3. Änderung der Bearbeitungsposition	in die gefertigte Nut einrastende Feder	$1 \times 4 = 4$	$2 \times 4 = 8$	$4 + 8 = 12$	in die gefertigte Nut einrastende federnde Sperrklinke	$1 \times 2 = 2$	$2 \times 3 = 6$	$2 + 6 = 8$
Vorteile:	kostengünstig, wenig störanfällig				es können modifizierte Normteile eingesetzt werden			
Nachteile:	muss angefertigt werden				störanfällig bei Verschmutzung			
ΣW	**maximale Punktzahl**			**33**				**26**

2.3 Konstruktion

Hinweise zur Konstruktion

Die Variante A mit der höchsten Bewertungspunktzahl wird als Lösung umgesetzt. Die Funktion 2 des Morphologischen Kastens: „Falsches Einlegen des Werkstücks verhindern" wird durch die Zylinderschraube der Flachfederverschraubung übernommen. Die Festbacke wird ausgetauscht und die aufgeschraubte Druckplatte der Losbacke wird mit einer Hohlkehle versehen, um die zulässige Flächenpressung nicht zu überschreiten.

Konstruktionszeichnung der Lösung

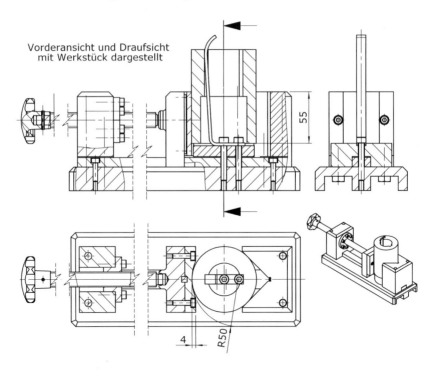

Bild 2-3 Stoßvorrichtung

Einzelteilzeichnung zur Lösung

Festbacke
Werkstoff E295

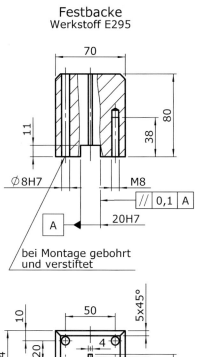

bei Montage gebohrt
und verstiftet

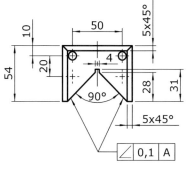

Werkstückaufnahme
Werkstoff E295

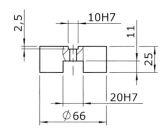

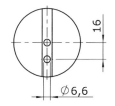

Feder
60CrV4

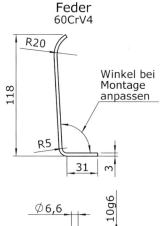

Winkel bei
Montage
anpassen

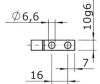

Bild 2-4 Einzelteile zur Vorrichtung

2.4 Berechnungen

2.4.1 Ermittlung der Mindest-Spannkraft

Das Werkstück muss auch dann sicher in der Vorrichtung gespannt sein, wenn es mit der Unterseite nicht aufliegt. Eine entsprechende Reaktionskraft der Auflage auf die Zerspankraft F_c bleibt daher unberücksichtigt. Die Summe der Reibkräfte in der Vorrichtung an den Anpressflächen mindestens so groß wie die Zerspankraft sein (vgl. Bild 2-5 oben und Mitte).

$$\Sigma F_y = 0 = -F_c + F_{Sp} \cdot \mu + 2 \cdot F_N \cdot \mu$$

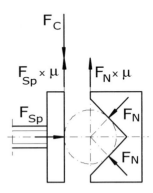

für ein beliebiges Prisma gilt weiter (vgl. Bild 2-5 unten):

$$\cos \alpha = \frac{F_{Sp}/2}{F_N} \quad \rightarrow \quad F_N = \frac{F_{Sp}/2}{\cos \alpha}$$

eingesetzt in die erste Bedingung für das Kräftegleichgewicht erfolgt daraus:

$$0 = -F_c + F_{Sp} \cdot \mu + \frac{2 \cdot F_{Sp}/2 \cdot \mu}{\cos \alpha}$$

$$F_c = F_{Sp} \cdot \mu + \frac{F_{Sp} \cdot \mu}{\cos \alpha}$$

$$F_c = F_{Sp}(\mu + \frac{\mu}{\cos \alpha})$$

$$F_{Sp} = \frac{F_c}{(\mu + \frac{\mu}{\cos \alpha})}$$

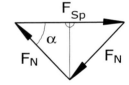

Bild 2-5
Auf das Werkstück wirkende Kräfte

$$= \frac{250\,\text{N}}{(0,1 + \frac{0,1}{\cos 45°})} = 1,036\,\text{kN}$$

$F_c = 250\,\text{N}$		lt. Aufgabenstellung
$\mu = 0,1$		Gleitreibungszahl Stahl/Stahl geschmiert nach TB 1-14b)
$\alpha = 45°$		Winkel bei gewähltem Prismenwinkel von 90°

Hinweis: Im Vorrichtungsbau wird wegen der schwierig kontrollierbaren Rahmenbedingungen vorzugsweise vom ungünstigen geschmierten Zustand ausgegangen.

2.4.2 Bestimmung der maximalen Spannkraft der Gewindespindel (Pos. 7)

$$T = F \cdot \frac{d_2}{2} \cdot \tan(\varphi \pm \rho')$$

erforderliches Spindeldrehmoment nach Gl. (8.55)

(+ beim Anziehen; – beim Lösen)

umgestellt auf die Spindelkraft F_{Sp} und mit $T = T_{max}$:

$$F_{Sp} = F = \frac{2 \cdot T_{max}}{d_2 \cdot \tan(\varphi + \rho')}$$

$$= \frac{2 \cdot 2500\,\text{Nmm}}{14\,\text{mm} \cdot \tan(5,2^\circ + 6^\circ)} \approx 1800\,\text{N}$$

Wenn am Umfang des Sterngriffs DIN 6336-C50 eine maximale Handkraft mit $F_H = 100$ N (vgl. Aufgabenstellung) angenommen wird, dann beträgt das maximale Gewindespindeldrehmoment:

$$T_{max} = F_H \cdot K_A \cdot \frac{d}{2}$$

$$= 100\,\text{N} \cdot 1,0 \cdot \frac{50\,\text{mm}}{2} = 2500\,\text{Nmm}$$

$K_A = 1,0$

Anwendungsfaktor bei gleichmäßiger Handkraft nach TB 3-5a)

$d = 50$ mm

Umfangsdurchmesser am Sterngriff, allg. Tabellenbuch

$d_2 = 14$ mm

Flankendurchmesser für Tr16x4 nach TB 8-3 und Bild 2-2

$$\tan \varphi = \frac{P_h}{d_2 \cdot \pi}$$

Steigungswinkel nach Gl. (8.1)

$$= \frac{4\,\text{mm}}{14\,\text{mm} \cdot \pi} \rightarrow \varphi \approx 5,2^\circ$$

$$P_h = n \cdot P$$
$$= 1 \cdot 4\,\text{mm} = 4\,\text{mm}$$

Gewindesteigung für eingängige Gewindespindel, ($n = 1$); vgl. TB 8-3 und Text zu Gl. (8.1)

$P = 4$ mm

Steigung nach TB 8-3

$\rho' \approx 6^\circ$

Gewinde-Gleitreibungswinkel Stahl auf Gusseisen, geschmiert, nach Legende zu Gl. (8.55)

2.4.3 Bestimmung der maximalen Flächenpressung an der Festbacke (Pos. 2)

$$p = 0,418 \cdot \sqrt{\frac{F \cdot E}{r \cdot l}} \le p_{\text{zul}}$$

allgemeine Formel der Hertz'schen Pressung für Zylinder-Ebene

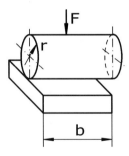

$$= 0,418 \cdot \sqrt{\frac{1,8\,\text{kN} \cdot 210\,\text{kNmm}^{-2}}{35\,\text{mm} \cdot 55\,\text{mm}}}$$

$$= 185,2\,\text{Nmm}^{-2} > p_{\text{zul}} \ (= 122,5\,\text{Nmm}^{-2})$$

Bild 2-6 Pressung zwischen Zylinder und ebener Fläche

$F = F_{\text{Sp}} = 1,8\,\text{kN}$

Spannkraft, vgl. Kap. 2.4.2

$E = 210\,\text{kNmm}^{-2}$

Elastizitätsmodul des Werkstücks aus E295

$r = d/2$
$\quad = 70\,\text{mm}/2 = 35\,\text{mm}$

Radius des Werkstücks (vgl. Bild 2-4)

$l = 55\,\text{mm}$

Anpresslänge des Werkstücks (vgl. Bild 2-3)

$p_{\text{zul}} = 0,25 \cdot R_{\text{m}}$
$\quad = 0,25 \cdot 490\,\text{Nmm}^{-2} = 122,5\,\text{Nmm}^{-2}$

zul. Flächenpressung bei schwellender Beanspruchung (Lösen-Fixieren) nicht gleitender Flächen nach Legende zu Gl. (9.4)

$R_{\text{m}} = K_{\text{t}} \cdot R_{\text{m}\,\text{N}}$
$\quad = 1,0 \cdot 490\,\text{Nmm}^{-2} = 490\,\text{Nmm}^{-2}$

Bruchfestigkeit nach Gl. (3.7)

$K_{\text{t}} = 1,0$

techn. Größeneinflussfaktor für Baustähle nach TB 3-11a), Linie 1

$R_{\text{m}\,\text{N}} = 490\,\text{Nmm}^{-2}$

Zugfestigkeit für Normalstäbe aus E295 nach TB 1-1

2.4.4 Ausführung der Druckplatte (Pos. 4) der Losbacke (Pos. 3)

Ist bei einer ebenen Spannbacke $p > p_{zul}$, dann kann die Flächenpressung durch folgende Maßnahmen verringert werden:

1. die Spannbacke mit einem Hohlradius versehen (Bild 2-7),
2. die Spannbacke aus einem Werkstoff mit geringerem Elastizitätsmodul herstellen,
   z. B. Grauguss, einer Aluminiumlegierungen oder mit einem Kunststoff beschichten.

Hier wird die bestehende aufgeschraubte Backe mit einem Hohlradius r_2 versehen. Zunächst muss der sich ergebende Ersatzdurchmesser r_{ers} und $r = r_1$ bei der vorhandenen zulässigen Flächenpressung $p = p_{zul}$ berechnet werden.

$$p = 0,418 \cdot \sqrt{\frac{F \cdot E}{r_{ers} \cdot l}}$$

$$p^2 = 0,418^2 \cdot \frac{F \cdot E}{r_{ers} \cdot l}$$

$$r_{ers} = 0,418^2 \cdot \frac{F \cdot E}{p^2 \cdot l}$$

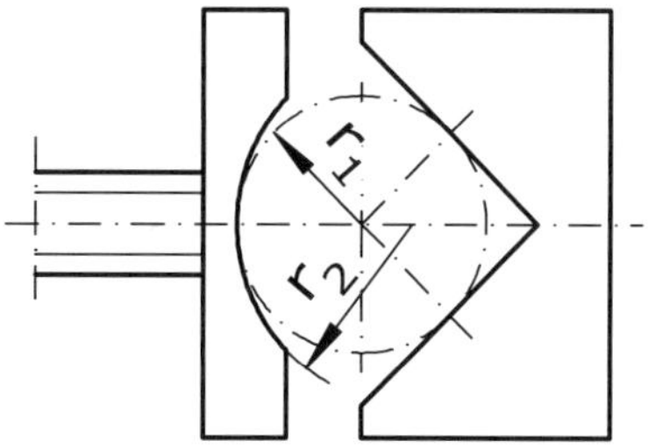

Bild 2-7 Druckstück

$$= 0,418^2 \cdot \frac{1800\,\text{N} \cdot 210 \cdot 10^3\,\text{Nmm}^{-2}}{(122,5\,\text{Nmm}^{-2})^2 \cdot 55\,\text{mm}} = 80,0\,\text{mm} > r_1\ (= 35\text{mm})$$

$$r = \frac{r_1 \cdot r_2}{r_1 + r_2} \qquad\qquad \text{reduzierter Krümmungsradius allgemein nach Hertz}$$

umgestellt auf r_2 folgt:

$$r_2 = \frac{r_1 \cdot r}{r_1 - r}$$

$$= \frac{35\,\text{mm} \cdot 80,0\,\text{mm}}{35\,\text{mm} - 80,0\,\text{mm}} = -62,2\,\text{mm}$$

gewählt: $r_2 = 50\text{mm}$

Hinweis: Das negative Vorzeichen der Berechnung bedeutet, dass es ein Innenradius ist.

2.4.5 Flächenpressung an der Prismenauflage der Festbacke (Pos. 2)

$$F_{\mathrm{N}} = \frac{F_{\mathrm{Sp}}/2}{\cos\alpha} \qquad\qquad \text{vgl. Bild 2-5}$$

$$= \frac{1,8\,\mathrm{kN}/2}{\cos 45°} = 1,27\,\mathrm{kN}$$

$$p = 0,418\cdot\sqrt{\frac{F\cdot E}{r\cdot l}}$$

$$= 0,418\cdot\sqrt{\frac{1,27\,\mathrm{kN}\cdot 210\,\mathrm{kN}}{35\,\mathrm{mm}\cdot 55\,\mathrm{mm}}} = 163,2\,\mathrm{Nmm^{-2}} > p_{\mathrm{zul}}\,(=122,5\,\mathrm{Nmm^{-2}})$$

Stahl mit $E = 210\,\mathrm{kNmm^{-2}}$ ist als Werkstoff für die Festbacke ungeeignet, da er bei maximaler Spannkraft Spannmarken auf dem Werkstück hinterlässt. Es wird ein Werkstoff mit niedrigerem E-Modul benötigt. Mit der zulässigen Flächenpressung $p = p_{\mathrm{zul}}$ wird zunächst der maximal zulässige E-Modul berechnet. Dann erfolgt die Berechnung des erforderlichen E-Moduls des Backenwerkstoffs.

$$p = 0,418\cdot\sqrt{\frac{F\cdot E}{r\cdot l}} \qquad \text{durch Umstellung erfolgt daraus:}$$

$$E = \frac{p^2\cdot r\cdot l}{0,418^2\cdot F}$$

$$= \frac{(122,5\,\mathrm{Nmm^{-2}})^2\cdot 35\,\mathrm{mm}\cdot 55\,\mathrm{mm}}{0,418^2\cdot 1,27\cdot 10^3\,\mathrm{N}} = 130\,180\,\mathrm{Nmm^{-2}}$$

$$E = \frac{2E_1\cdot E_2}{E_1 + E_2} \qquad\qquad \text{reduzierter Elastizitätsmodul, allgemein nach}$$
$$\text{Hertz, umgestellt auf } E_2$$

$$E_2 = \frac{E_1\cdot E}{2E_1 - E}$$

$$= \frac{210\cdot 10^3\,\mathrm{Nmm^{-2}}\cdot 130\,180\,\mathrm{Nmm^{-2}}}{2\cdot 210\cdot 10^3\,\mathrm{Nmm^{-2}} - 130\,180\,\mathrm{Nmm^{-2}}} = 94\,327\,\mathrm{Nmm^{-2}} \approx 94,3\,\mathrm{kNmm^{-2}}$$

$$E_1 = 210\,\mathrm{Nmm^{-2}} \qquad\qquad \text{Elastizitätsmodul des eingespannten Werk-}$$
$$\text{stücks}$$

Werkstoffwahl: MgA16Zn mit $R_{\mathrm{m}} = 270\,\mathrm{Nmm^{-2}}$ und $E \approx 44\,\mathrm{kNmm^{-2}}$ nach TB 1-3

2.4.6 Festigkeitsnachweis für die Gewindespindel (Pos. 7)

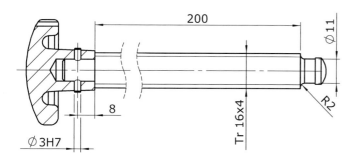

Bild 2-8 Gewindespindel mit Sterngriff

Nachprüfen der Druckspannung

Die Druckspannung tritt zwischen Mutter und Druckstück auf

$$\sigma_d = \frac{F}{A_3} \leq \sigma_{d\,zul} \quad \text{nach Gl. (8.53)}$$

$$= \frac{1,8 \cdot 10^3\,\text{N}}{104\,\text{mm}^2} = 17,3\,\text{Nmm}^{-2} < \sigma_{d\,zul}\,(=147,5\,\text{Nmm}^{-2})$$

$$F = F_{Sp} \cdot K_A \qquad\qquad\qquad \text{maximale Druckkraft}$$
$$= 1,8\,\text{kN} \cdot 1,0 = 1,8\,\text{kN}$$

$$F = F_{Sp} = 1,8\,\text{kN} \qquad\qquad \text{Spannkraft, vgl. Kap. 2.4.2}$$

$$K_A = 1,0 \qquad\qquad\qquad\qquad \text{Anwendungsfaktor, wenn keine stoßartige Belastung auftritt, siehe auch TB 3-5a)}$$

$$A_3 = 104\,\text{mm}^2 \qquad\qquad\quad \text{Kernquerschnitt Tr16x4 nach TB 8-3}$$

$$\sigma_{d\,zul} = \frac{\sigma_{zd\,Sch}}{2} \qquad\qquad\quad \text{zulässige Spannung nach Legende zu Gl. (8.50)}$$

$$= \frac{295\,\text{Nmm}^{-2}}{2} = 147,5\,\text{Nmm}^{-2}$$

$\sigma_{\mathrm{zd\,Sch}} = K_{\mathrm{t}} \cdot \sigma_{\mathrm{zd\,Sch\,N}}$ Zug-Druck-Schwellfestigkeit

$\qquad = 1,0 \cdot 295 \, \mathrm{Nmm}^{-2} = 295 \, \mathrm{Nmm}^{-2}$

$K_{\mathrm{t}} = 1,0$ technologischer Größeneinflussfaktor nach
                                                                                                     TB 3-11a), Linie 1

$\sigma_{\mathrm{zd\,Sch\,N}} = 295 \, \mathrm{Nmm}^{-2}$ Zug-Druck-Schwellfestigkeit für Normalstä-
                                                                                                     be aus E295 nach TB 1-1

Nachprüfen der Knickspannung

$\lambda = \dfrac{4 \cdot l_{\mathrm{k}}}{d_3}$ Schlankheitsgrad nach Gl. (8.56)

$\quad = \dfrac{4 \cdot 105 \, \mathrm{mm}}{11,5 \, \mathrm{mm}} = 36,5$

$l_{\mathrm{k}} = 0,7 \cdot l$ Knickgleichung für Eulerfall 3, vgl. auch
                                                                                                     R/M: Bild 6-34
$\quad = 0,7 \cdot 150 \, \mathrm{mm} = 105 \, \mathrm{mm}$

$l = 150 \, \mathrm{mm}$ maximale Spannweite (vgl. Bild 2-2)

$d_3 = 11,5 \, \mathrm{mm}$ Kerndurchmesser nach TB 8-3

da $\lambda = 36,5 < 89$ ist, liegt für E295 keine elastische Knickung vor. Dann ist nach Gl. (8.59):

$\sigma_{\mathrm{K}} = 335 - 0,62 \cdot \lambda$

$\quad = 335 - 0,62 \cdot 36,5 \approx 312,4 \, \mathrm{Nmm}^{-2}$

$S = \dfrac{\sigma_{\mathrm{K}}}{\sigma_{\mathrm{vorh}}} \geq S_{\mathrm{erf}}$ Sicherheit gegen Knickung nach Gl. (8.60)

$\quad = \dfrac{312,4 \, \mathrm{Nmm}^{-2}}{17,3 \, \mathrm{Nmm}^{-2}} = 18,1 > S_{\mathrm{erf}} \ (\approx 3)$

$\sigma_{\mathrm{vorh}} = \sigma_{\mathrm{d}} = 17,3 \, \mathrm{Nmm}^{-2}$ vorhandene Druckspannung, vgl. Abschnitt
                                                                                                     zuvor

$S_{\mathrm{erf}} \approx 3$ erforderliche Sicherheit für geringen
                                                                                                     Schlankheitsgrad

Nachprüfen der Torsionsspannung

Die Torsionsspannung tritt zwischen Mutter und Handgriff nach Fall 1 auf, vgl. Bild 8-28a)

$$\tau_t = \frac{T_{max}}{W_t} \leq \tau_{t\,zul}$$

nach Gl. (8.52)

$$= \frac{2,5 \cdot 10^3 \, \text{Nmm}}{298,6 \, \text{mm}^3} = 8,37 \, \text{Nmm}^{-2} < \tau_{t\,zul} \, (= 102,5 \, \text{Nmm}^{-2})$$

$T_{max} = 2,5 \cdot 10^3 \, \text{Nmm}$

maximales Torsionsmoment, vgl. Berechnung Spindelkraft

$$W_t = \frac{\pi}{16} \cdot d_3^3$$

polares Widerstandsmoment nach Legende zu Gl. (8.52)

$$= \frac{\pi}{16} \cdot 11,5^3 \, \text{mm}^3 = 298,6 \, \text{mm}^3$$

$d_3 = 11,5 \, \text{mm}$

Kerndurchmesser nach TB 8-3

$$\tau_{t\,zul} = \frac{\tau_{t\,Sch}}{2}$$

zulässige Torsionsfestigkeit nach Legende zu Gl. (8.52)

$$= \frac{205 \, \text{Nmm}^{-2}}{2} = 102,5 \, \text{Nmm}^{-2}$$

$\tau_{t\,Sch} = K_t \cdot \tau_{t\,Sch\,N}$

$\quad = 1,0 \cdot 205 \, \text{Nmm}^{-2} = 205 \, \text{Nmm}^{-2}$

$K_t = 1,0$

technologischer Größeneinflussfaktor nach TB 3-11a), Linie 1

$\tau_{t\,Sch\,N} = 205 \, \text{Nmm}^{-2}$

Torsions-Schwellfestigkeit für E295 nach TB 1-1

2.4.7 Festigkeitsnachweis für die Gewindespindel (Pos. 7) an der Stelle des Spannstiftes (Pos. 11) zur Befestigung des Sterngriffes (Pos. 10)

Statischer Festigkeitsnachweis am Gewindespindel-Zapfen

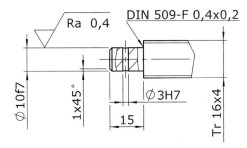

Beim Aufbringen des Torsionsmoments durch einen Sterngriff treten keine nennenswerten Biegebelastungen auf, so dass der Spindelzapfen nur auf seine Torsionsfestigkeit überprüft werden muss. Die kritische Spannung liegt an der Querbohrung vor, da hier die größte Kerbwirkung auftritt.

Bild 2-9 Spindelzapfen zur Aufnahme des Kreuzgriffes

$$S_F = \cfrac{1}{\sqrt{\left(\cfrac{\sigma_{b\,max}}{\sigma_{bF}}\right)^2 + \left(\cfrac{\tau_{t\,max}}{\tau_{tF}}\right)^2}}$$

statischer Sicherheitsnachweis nach R/M: Bild 11-23

$$S_F = \cfrac{1}{\sqrt{\left(\cfrac{\tau_{t\,max}}{\tau_{tF}}\right)^2}} = \cfrac{\tau_{tF}}{\tau_{t\,max}} \geq S_{F\,min}$$

da hier keine nennenswerte Biegespannung auftritt

$$= \frac{204,3\,\mathrm{Nmm}^{-2}}{25,5\,\mathrm{Nmm}^{-2}} \approx 8 > S_{F\,min}\ (=1,5)$$

$$\tau_{tF} = \frac{1,2 \cdot R_{p0,2\,N} \cdot K_t}{\sqrt{3}}$$

Torsionsfestigkeit gegen Fließen nach R/M: Bild 11-23

$$= \frac{1,2 \cdot 295\,\mathrm{Nmm}^{-2} \cdot 1,0}{\sqrt{3}} = 204,3\,\mathrm{Nmm}^{-2}$$

$$R_{p0,2\,N} = 295\,\mathrm{Nmm}^{-2}$$

Dehngrenze für Normalstäbe aus E295 nach TB 1-1

$$K_t = 1,0$$

technologischer Größeneinflussfaktor nach TB 3-11a), Linie 2

$$\tau_{t\,max} = \frac{T}{W_t}$$

$$= \frac{2,5 \cdot 10^3\,\mathrm{Nmm}}{98\,\mathrm{mm}^3} \approx 25,5\,\mathrm{Nmm}^{-2}$$

$T = T_{max} = 2,5 \cdot 10^3 \, \text{Nmm}^{-2}$

maximales Torsionsmoment (vgl. Kap. 2.4.6), $K_A = 1,0$

$W_t = 0,2 \cdot D^2 \cdot (D - 1,7 \cdot d)$

polares Widerstandsmoment nach TB 11-3

$= 0,2 \cdot 10^2 \, \text{mm}^2 \cdot (10\,\text{mm} - 1,7 \cdot 3\,\text{mm}) = 98\,\text{mm}^3$

$D = 3\,\text{mm}$

Durchmesser des Spindelzapfens (vgl. Bild 2-9)

$d = 3\,\text{mm}$

Durchmesser der Querbohrung (vgl. Bild 2-9)

$S_{F\,min} = 1,5$

Mindestsicherheit gegen Fließen nach TB 3-14a)

2.4.8 Statischer Festigkeitsnachweis für die Gewindespindel (Pos. 7) an der Stelle des Druckzapfens

Die Nachrechnung erfolgt als statischer Sicherheitsnachweis auf Druck gegen Fließen mit der allgemeinen Druckgleichung in Analogie zu R/M: Bild 11-23.

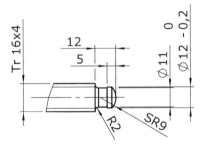

$$S_F = \frac{\sigma_{dF}}{\sigma_{d\,max}} \geq S_{F\,min}$$

$$= \frac{295\,\text{Nmm}^{-2}}{18,95\,\text{Nmm}^{-2}} = 15,6 > S_{F\,min} \; (= 1,5)$$

Bild 2-10 Spindeldruckzapfen

$\sigma_{dF} = R_e = R_{p\,0,2} = 295\,\text{Nmm}^{-2}$

Druckfestigkeit gegen Fließen nach Gl. (3.13)

$R_{p\,0,2} = K_t \cdot R_{p\,0,2\,N}$

Druckfestigkeit gegen Fließen nach Gl. (3.13)

$= 1,0 \cdot 295\,\text{Nmm}^{-2} = 295\,\text{Nmm}^{-2}$

$K_t = 1,0$

technologischer Größeneinflussfaktor nach TB 3-11a), Linie 2

$R_{p\,0,2\,N} = 295\,\text{Nmm}^{-2}$

Dehngrenze für Normalstäbe aus E295 nach TB 1-1

$$\sigma_{d\,max} = \frac{F_{Sp}}{A}$$

$$= \frac{1800\,\text{N}}{95\,\text{mm}^2} \approx 18,95\,\text{Nmm}^{-2}$$

$F_{Sp} \approx 1800\,\text{N}$ maximale Gewindespindelbelastung; vgl. Kap. 2.4.2

$$A = d_{min}^2 \cdot \frac{\pi}{4}$$

kleinster Querschnitt des Druckzapfens

$$= 11^2\,\text{mm}^2 \cdot \frac{\pi}{4} \approx 95\,\text{mm}^2$$

$d_{min} = 11\,\text{mm}$ nach Bild 2-10

$S_{F\,min} = 1,5$ Mindestsicherheit gegen Fließen nach TB 3-14a)

3 Konstruktion einer Seilzugvorrichtung

3.1 Aufgabenstellung

Ein schweres Dachfenster in einer Industriehalle soll mit Hilfe eines Seilzuges geöffnet werden. Zu diesem Zweck ist eine Zugvorrichtung mittels Gewindespindel mit der Zugkraftübertragung auf ein 8 mm dickes Seil zu konstruieren. Der Antrieb erfolgt über eine Handkurbel mit einer Handkraft $F_H \approx 150$ N. Die Vorrichtung ist so auszulegen, dass das Fenster in jeder Stellung stehen bleibt. Das Schließen erfolgt durch das Eigengewicht des Fensters.
Bei der Erarbeitung der Konstruktion ist von einer Einzelfertigung auszugehen und eine möglichst kostengünstige Lösung anzustreben.

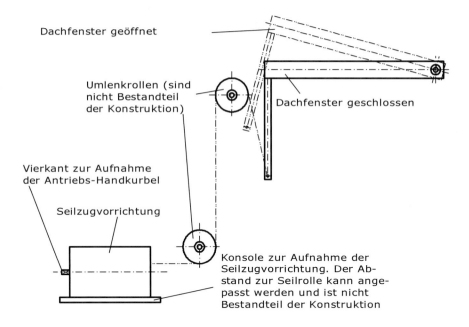

Dachfenster geöffnet

Umlenkrollen (sind nicht Bestandteil der Konstruktion)

Dachfenster geschlossen

Vierkant zur Aufnahme der Antriebs-Handkurbel

Seilzugvorrichtung

Konsole zur Aufnahme der Seilzugvorrichtung. Der Abstand zur Seilrolle kann angepasst werden und ist nicht Bestandteil der Konstruktion

Bild 3-1 Prinzipskizze

Technische Daten

- maximal aufzubringende Zugkraft: $F_S = 2{,}0$ kN
- aufzubringender Zugweg: $s_F \approx 500$ mm

Umfang der Konstruktion

- Auslegung der Gewindespindel
- Lagerung der Gewindespindel mittels Wälzlager als Los- und Festlager ausgelegt
- Gestell mit Lagergehäuse (keine Fertiglagergehäuse als Zukaufteile einsetzen)
- Anbindung des Drahtseils an das Zugelement
- Auswahl einer geeigneten Norm-Handkurbel mit Anbindung an die Vorrichtung mittels Vierkant.

3.2 Lösungsfindung

3.2.1 Anforderungsliste

Tabelle 3-1 Anforderungsliste

F =Forderung W = Wunsch	Nr.	Anforderungen	Datum:	verantwortlich:
F	01	aufzubringende erforderliche Zugkraft: 2 kN		lt. Aufgabe
F	02	Zugweg ≈ 500 mm		lt. Aufgabe
F	03	Zugkraft ist in jeder Stellung zu halten		lt. Aufgabe
F	04	Herstellungskosten max. 1200,- €		lt. Aufgabe
F	05	maximal aufzubringende Handkraft $F_H = 150$ N		lt. Aufgabe
F	06	Lagerung der Gewindespindel mit Wälzlager als Los- und Festlager, keine Fertiglagergehäuse einsetzen		lt. Aufgabe
F	07	Anbindung des Drahtseils an das Zugelement		lt. Aufgabe
F	08	Übertragung der Handkraft mittels Normkurbel		lt. Aufgabe
F	09	möglichst Norm- und Fertigteile einsetzen		lt. Aufgabe
F	10	Kontrollierte Rückführung des Seils		lt. Aufgabe
W	11	wartungsfreie Ausführung		Prüfling
einverstanden:			Fachschule für Technik Maschinenbautechnik	Blatt:1 von 1

3.2.2 Black-Box-Darstellung

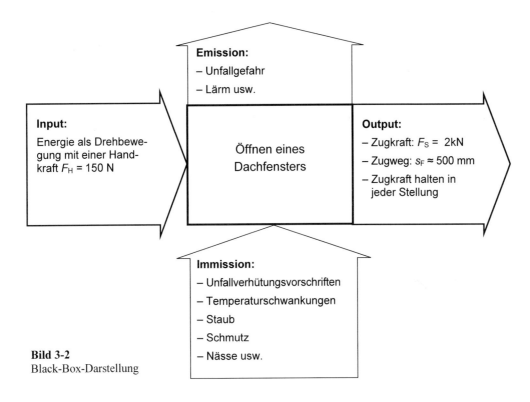

Emission:
– Unfallgefahr
– Lärm usw.

Input:
Energie als Drehbewegung mit einer Handkraft F_H = 150 N

Öffnen eines
Dachfensters

Output:
– Zugkraft: F_S = 2kN
– Zugweg: s_F ≈ 500 mm
– Zugkraft halten in jeder Stellung

Immission:
– Unfallverhütungsvorschriften
– Temperaturschwankungen
– Staub
– Schmutz
– Nässe usw.

Bild 3-2
Black-Box-Darstellung

3.2.3 Funktionsanalyse

Hauptfunktionen

- Aufbringen einer Zugkraft F_S = 2 kN über eine Strecke s_F ≈ 500 mm
- Übertragen auf ein Drahtseil von 8 mm Durchmesser
- Halten dieser Kraft in jeder beliebigen Stellung
- Schließen des Fensters.

Einzelfunktionen

Die Einzelfunktionen können aus den Funktionen der einzelnen Strukturelemente z. B. der Variante A abgeleitet werden.

Tabelle 3-2 Funktionsanalyse

Nr.	Strukturelemente	Einzelfunktionen
01	Handkurbel	Aufbringen der Antriebsenergie
02	Gewindespindel mit Mutter	Wandlung der Antriebsenergie in Kraft und geradlinige Bewegung
03	Gewinde mit Selbsthemmung	Halten der Kraft in jeder beliebigen Stellung
04	Seilschloss	Übertragung der Kraft auf das Drahtseil
05	Schließen des Fensters	kontrollierte Rückführung des Seils zum Schließen des Fensters
06	Gestell	Aufnahme der Kräfte und der einzelnen Funktionselemente
07	Verschraubung mit der Konsole	Befestigung der Zugvorrichtung

3.2.4 Bildung von Lösungsvarianten

Wird Energie mittels einer Gewindespindel und Mutter in eine linear bewegte Kraft umgesetzt, ergeben sich vier Möglichkeiten, die durch folgende Skizzen vorgestellt werden. Zusätzlich wird die Torsions- und Kraftbelastung der Gewindespindel (Zug oder Druck) bei der skizzierten Gestaltung in einem Diagramm dargestellt. Dabei sind alle vier vorgestellten Varianten so gestaltet, dass die Torsions- und Längstkraftbelastung nicht in ihrem jeweiligen Maximum zusammenfallen. Lediglich in der Mutter finden sich unkritische Übergangsbereiche. Dadurch kann der Gewindespindeldurchmesser relativ klein gehalten werden. Allerdings muss überprüft werden, ob bei der dann auftretenden Druckbelastung (z. B. in der Variante A) die Knickspannung nicht doch einen größeren Gewindespindeldurchmesser erforderlich macht.

Lösungsvariante A

Die Gewindespindel wird angetrieben und die Mutter überträgt die Kraft und die Bewegung auf das Drahtseil.

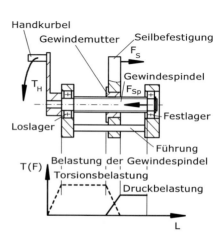

Bild 3-3 Lösungsvariante A

Lösungsvariante B

Gewindespindel wird angetrieben und überträgt die Kraft und die Bewegung auf das
Drahtseil bei stillstehender Mutter.

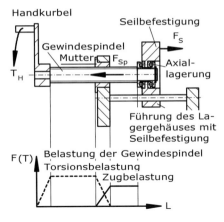

Bild 3-4 Lösungsvariante B

Lösungsvariante C

Die Mutter wird über ein Handrad
angetrieben und die stillstehende Gewindespindel überträgt die Kraft und die
Bewegung auf das Drahtseil.

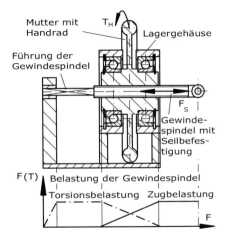

Bild 3-5 Lösungsvariante C

Lösungsvariante D

Die Mutter wird über ein Handrad
angetrieben und überträgt die Kraft und die
Bewegung auf das Drahtseil. Die Gewindespindel steht still.

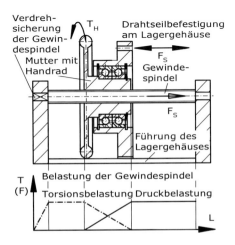

Bild 3-6 Lösungsvariante D

3.2.5 Morphologischer Kasten mit Bewertung der Varianten

Ermittlung der geeigneten Lösungsvarianten durch Abwägung der Vor- und Nachteile

Tabelle 3-3 Morphologischer Kasten mit Bewertung

Varianten → Einzelfunktion ↓	Variante A	Variante B	Variante C	Variante D
01 Aufbringen der Antriebsenergie	mittels Handkurbel auf der Spindel **Vorteil:** Die Handkurbel lässt mit einem Zugriff volle Umdrehungen zu.	mittels Handkurbel auf der Spindel **Vorteil:** Die Handkurbel lässt mit einem Zugriff volle Umdrehungen zu.	mittels Handrad auf der Mutter **Nachteil:** Das Handrad lässt mit einem Zugriff keine volle Umdrehung zu.	mittels Handrad auf der Mutter **Nachteil:** Das Handrad lässt mit einem Zugriff keine volle Umdrehung zu.
02 Wandlung der Antriebsenergie	Gewindespindel überträgt Kraft und Bewegung auf die Mutter. **Vorteil:** Die Handkurbel verändert bei Betätigung nicht ihre Lage. **Nachteil:** Die Seilkraft greift außermittig an der Mutter an. Dadurch wird die Gewindespindel auf Biegung beansprucht, wenn die Führung der Mutter nicht die Kräfte übernimmt.	Gewindespindel überträgt Kraft und Bewegung auf das Drahtseil. **Vorteil:** Die Mutter kann so gestaltet werden, dass die Seilkraft in der Mitte angreift. **Nachteil:** Die Handkurbel verändert bei Betätigung ihre Lage, da sich die Gewindespindel verschiebt. Große Biegebelastung der Spindel durch die Handkraft.	Mutter überträgt Kraft und Bewegung auf die Gewindespindel. **Vorteil:** Die Seilkraft greift Mitte Gewindespindel an. **Nachteil:** Die Bewegung kann nicht direkt über eine Kurbel auf die Mutter übertragen werden.	Mutter überträgt Kraft und Bewegung auf das Drahtseil. **Nachteil:** Das Handrad verändert bei Betätigung seine Lage. Die Seilkraft greift außermittig an der Mutter an. Dadurch wird die Gewindespindel auf Biegung belastet, wenn die Führung der Mutter nicht die Kräfte übernimmt.
03 Halten der Kraft	selbsthemmendes Gewinde	selbsthemmendes Gewinde	selbsthemmendes Gewinde	selbsthemmendes Gewinde

Fortsetzung Tabelle 3-3

04 Übertragung der Kraft auf das Seil	Seilschloss (Keilschloss) **Vorteil:** Einfach zu montierendes Normteil. **Nachteil:** Kostenintensiver als Kausche mit Seilklemmen bzw. mit Pressbuchse	Seilkausche mit Seilklemmen **Vorteil:** Kostengünstig **Nachteil:** Aufwändigere Montage.	mit Kausche und Pressbuchse **Vorteil:** Kostengünstig **Nachteil:** Aufwändigere Montage. Kann nur mit speziellen Montageeinrichtungen ausgeführt werden.	selbstgefertigte Klemmverbindung **Vorteil:** Einfach zu montieren. **Nachteil:** Höhere Fertigungskosten. Größere Gefahr des Versagens (im Kranbau nicht zugelassen).
05 Kontrollierte Rückführung des Seils	Zurückdrehen der Spindel	Zurückdrehen der Spindel	Zurückdrehen der Mutter	Zurückdrehen der Mutter
06 Aufnahme der Kräfte und Funktionsemente	Schweißkonstruktion aus Walzprofilen **Vorteil:** Kostengünstig. **Nachteil:** Schwierigeres Auswechseln einzelner Teile.	Schraubkonstruktion aus Walzprofilen **Vorteil:** Kostengünstige Demontage. **Nachteil:** Höhere Fertigungskosten.	Schweißkonstruktion aus gekantetem Blech **Vorteil:** Geringes Gewicht. **Nachteil:** Höhere Fertigungskosten.	Schraubkonstruktion aus gekantetem Blech **Vorteil:** Geringes Gewicht. **Nachteil:** Höhere Fertigungskosten.
07 Befestigung der Zugvorrichtung auf der Konsole	Schraubverbindung **Vorteil:** Einfache Montage an der Baustelle. **Nachteil:** Höhere Fertigungskosten als eine Schweißverbindung.	Schweißverbindung **Vorteil:** Kostengünstig, wenn an der Baustelle eine Schweißmöglichkeit besteht. **Nachteil:** Schwierige Demontage.		

Fazit

Die Vorteile, insbesondere durch die Erfüllung der zweiten Einzelfunktion, stellen auch ohne genau bezifferte Bewertung die Variante A als die günstigste dar. Auch die Übernahme anderer vorteilhafterer Ausprägungen, wie z.B. die Befestigung des Drahtseils, würden an dieser Beurteilung nichts ändern.

3.3 Konstruktion

3.3.1 Hinweise zur Konstruktion

Zur Festlegung der Abmessungen der Seilzugvorrichtung wird zuerst die Gewindespindel überschlägig ausgelegt. Der Trapez-Gewindedurchmesser muss dabei so gewählt werden, dass der Gewindekerndurchmesser d_3 größer als die Durchmesser für die Sitze der Wälzlager an den Enden der Spindel ist, da sonst die Mutter nicht montiert werden kann. Eine endgültige Festlegung kann erst nach der Festigkeitsüberprüfung der gefährdeten Stellen erfolgen, die dann auch die Biegespannung, hervorgerufen durch die Handkraft an der Kurbel, berücksichtigen muss. Weitere den Durchmesser bestimmende Größen sind die Abmessungen der notwendigen Wälzlager. Als Festlager wurden dabei zwei Schrägkugellager in X-Anordnung gewählt (siehe hierzu R/M: Kap. 14.2.1), um axiale Kräfte in beiden Richtungen aufnehmen zu können und eine weniger starre Lagerung zu erhalten. Dadurch können Fluchtfehler der Lagerung und eine eventuelle Durchbiegung der Gewindespindel besser ausgeglichen werden, ohne die Lager zusätzlich zu belasten. Eine endgültige Anordnung des Festlagers hängt davon ab, ob die Gewindespindel durch die Knickbeanspruchung oder durch das Zusammenfallen von Zug- und Biegebeanspruchung höher belastet wird. Bei der Beurteilung einer Konstruktion ist unter anderem ein Kriterium, inwieweit die Dimensionierung der belasteten Bauteile angemessen ist und festigkeitsmindernde Elemente funktions- oder fertigungsbedingt sind.

Die auftretenden Belastungen und die Anordnungen der Lager der beiden beschriebenen Möglichkeiten sind in den Skizzen dargestellt.

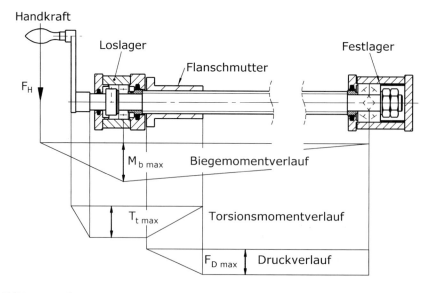

Bild 3-7 Lösungsvariante

Bild 3-7: Lagerung und Belastung der Gewindespindel bei Anordnung des Festlagers am Ende der Spindel.

Vorteil: Das maximale Biegemoment M_{max} und das maximale Torsionsmoment T_{max} fallen nicht mit der maximalen Druckbelastung F_{max} zusammen.

Nachteil: Die Spindel wird auf Knickung belastet. Dadurch sind häufig größere Gewinde-durchmesser erforderlich als bei einer Zugbelastung.

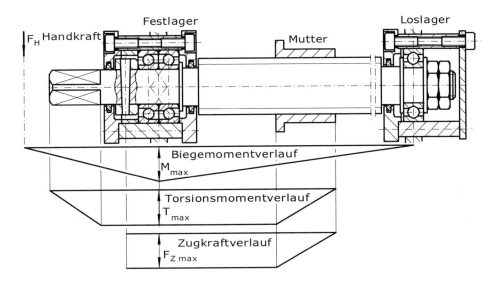

Bild 3-8 Alternative Lösungsvariante

Bild 3-8: Lagerung und Belastung der Gewindespindel bei Anordnung des Festlagers auf der Seite des Antriebs.

Vorteil: Die Spindel wird auf Zug und nicht auf Knickung belastet. Dadurch sind häufig kleinere Gewindedurchmesser möglich als bei einer Druckbelastung.

Nachteile: 1. Das maximale Biegemoment M_{max} und das maximale Torsionsmoment T_{max} fallen mit der maximalen Zugbelastung F_{max} zusammen. 2. Das Festlager muss auf der Antriebsseite axial gegen die Zugbelastung festgelegt werden. Die kostengünstige Festlegung durch einen Sicherungsring hat eine ungünstige Kerbwirkung zur Folge. Eine weniger festigkeitsmindern-de Möglichkeit stellt der Stellring dar, der bei größeren Axialkräften durch Kegel- oder Spannstifte befestigt werden kann (siehe R/M: TB 3-8).

3.3.2 Zeichnungen

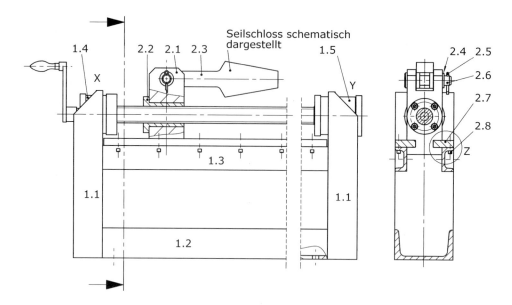

Bild 3-9 Komplette Seilzugvorrichtung

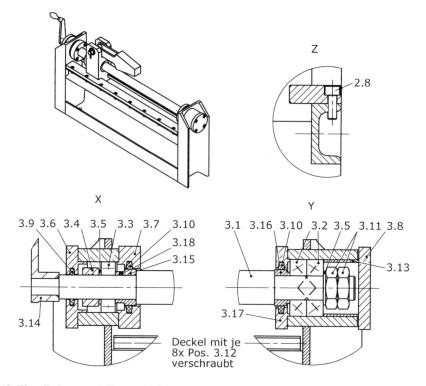

Bild 3-10 Einzelheiten zur Seilzugvorrichtung

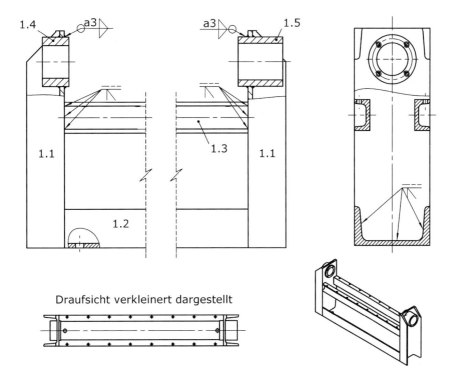

Draufsicht verkleinert dargestellt

Bild 3-11 Gestell der Seilzugvorrichtung

3.3.3 Stückliste

Tabelle 3-4 Stückliste

1	2	3	4	5	6
Pos.	Men-ge	Ein-heit	Benennung	Sachnummer/Norm – Kurzbezeichnung	Bemer-kung
1	**1**	**Stck**	**Gestell**		
1.1	2	Stck	Stütze	U-Profil DIN 1026-U100x280-S235JRG2	
1.2	1	Stck	Befestigungstraverse	U-Profil DIN 1026-U100x544-S235JRG2	
1.3	2	Stck	Führungstraverse	U-Profil DIN 1026-U40x20x544-S235JRG2	
1.4	1	Stck	Loslagergehäuse	Rohr EN 10220-63,5x12x35-S235JRG2	
1.5	1	Stck	Festlagergehäuse	Rohr EN 10220-63,5x10x59-S235JRG2	
2	**1**	**Stck**	**Zugelement komplett**		
2.1	1	Stck	Führungsstück	Fl EN 10058-60x60x142-S235JR	
2.2	1	Stck	Flanschmutter	Rd EN 10278-60-CuSn6	
2.3	1	Stck	Seilschloss	DIN 15315-11	
2.4	1	Stck	Scheibe	ISO 8738-16-St	
2.5	1	Stck	Splint	ISO 1234-4,0x25-St	
2.6	1	Stck	Bolzen	ISO 2341-B16h11x75-15SMn13	
2.7	2	Stck	Führungsleiste	Fl EN 10278-35x12x540-S355J2	
2.8	20	Stck	Zylinderschraube	ISO 4762-M6x16-8.8	
3	**1**	**Stck**	**Gewindespindel**		
3.1	1	Stck	Gewindespindel	Rd EN 10060-32-E295	
3.2	2	Stck	Schrägkugellager	DIN 628-7204	
3.3	1	Stck	Rillenkugellager	DIN 625-6004	
3.4	1	Stck	Stellring	DIN 705-C20-St	
3.5	2	Stck	Passscheibe	DIN 988-20x28x2	
3.6	1	Stck	Lagerdeckel	Rd EN 10278-68-S235JR	
3.7	1	Stck	Lagerdeckel	Rd EN 10278-68-S235JR	
3.8	1	Stck	Deckel	Rd EN 10278-68x10-S235JR	
3.9	1	Stck	Filzring	DIN 5419-20-M5	
3.10	2	Stck	Filzring	DIN 5419-30-M5	
3.11	2	Stck	flache Sechskantmutter	ISO 4035-M20-8	
3.12	16	Stck	Zylinderschraube	ISO 4762-M6x20-8.8	
3.13	1	Stck	Distanzhülse	Rohr EN 10220-48,3x3,2-S235JR	
3.14	1	Stck	Handkurbel	DIN 469-F80-10-GT	
3.15	1	Stck	Dichthülse	Rd EN 10278-30-S235JR	
3.16	1	Stck	Dichthülse	Rd EN 10278-30-S235JR	
3.17	1	Stck	Lagerdeckel	Rd EN 10278-68-S235JR	
3.18	1	Stck	Gewindestift	DIN 4026-M3x3	

				Datum	Name		
			Bearb.	01.07.06	Fl / Tt		Fachschule für Technik Maschinenbautechnik
			Gepr.				
			Norm.				
				Seilzugvorrichtung		Blatt 1 von 1	
Zust.	Änderung	Datum	Name	(Urspr.)		Ers.f	Ers. d.:

3.4 Berechnungen

3.4.1 Berechnung der Gewindespindel (Pos. 3.1)

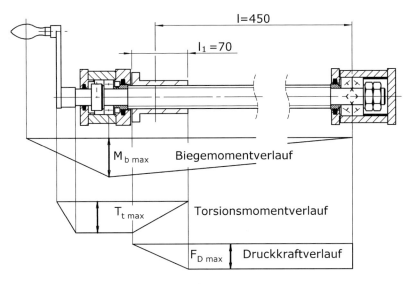

Bild 3-12 Gewindespindel mit Lagerung

Entwurfsberechnung

(Berechnung nach R/M: Kap. 8.5.1)

$$d_3 = \sqrt[4]{\frac{64 \cdot F \cdot S \cdot l_k^2}{\pi^3 \cdot E}}$$

erforderlicher Kerndurchmesser für „lange druckbeanspruchte Spindeln mit der Gefahr des Ausknickens" nach Gl. (8.51)

$$= \sqrt[4]{\frac{64 \cdot 2,5 \cdot 10^3 \, \text{N} \cdot 8 \cdot 315^2 \, \text{mm}^2}{\pi^3 \cdot 21 \cdot 10^4 \, \text{Nmm}^{-2}}} \approx 11,8 \, \text{mm}$$

$F = F_S \cdot K_A$ maximale Zugkraft mit $F_S = 2,0$ kN, lt. Aufgabenstellung

$\quad = 2\,\text{kN} \cdot 1,25 = 2,5\,\text{kN}$

$F_S = 2\,\text{kN}$ Seilkraft lt. Aufgabenstellung

$K_A = 1,25$ Anwendungsfaktor, bei mäßigen Stößen nach TB 3-5a)

$S = 8$ wird hier gewählt, da die Spindel zusätzlich auf Biegung belastet wird. Bei entsprechender Gestaltung der Führung für die Gewindemutter entfällt die Biegebelastung der Spindel durch die außermittig angreifende Seilkraft. Die Biegebelastung durch die Handkraft F_H wirkt aber weiter.

$l_k = 0,7 \cdot l$

$\quad = 0,7 \cdot 450\,mm = 315\,mm$ rechnerische Knicklänge für den „Euler-Knickfall 3", vgl. R/M: Bild 6-34

$l = 450\,mm$ geschätzter Abstand Mitte Flanschmutter in der Endstellung bis Mitte Lager

$E = 210\,kNmm^{-2}$ Elastizitätsmodul für Stahl

gewähltes Gewinde: Tr28x5 nach TB 8-3 mit:

$d_2 = 25,5\,mm$ Flankendurchmesser

$d_3 = 22,5\,mm, \; A_3 = 398\,mm^2$ Kerndurchmesser und Kernquerschnitt

$P = 5\,mm$ Steigung

$H_1 = 0,5 \cdot P$

$\quad = 0,5 \cdot 5\,mm = 2,5\,mm$ Flankenüberdeckung im Gewinde, kann auch direkt aus TB 8-3 abgelesen werden

$n = 1$ Spindelausführung als eingängig gewählt

Laut R/M wird die dem ermittelten Kernquerschnitt A_3 bzw. Kerndurchmesser d_3 nächstliegende Gewindegröße aus Gewindetabellen gewählt; für Trapezgewinde nach TB 8-3. Der Trapez-Gewindedurchmesser wurde hier weit größer gewählt, da die Durchmesser für den Sitz der Wälzlager an den Enden der Spindel kleinere Durchmesser benötigen als der Gewinde-kerndurchmesser d_3 sein muss. Eine endgültige Festlegung kann erst nach der Festigkeitsüberprüfung der gefährdeten Stellen erfolgen. Diese berücksichtigt dann auch die Biegespannung, die durch die Handkraft an der Kurbel hervorgerufen wird. Weitere den Durchmesser bestimmende Größen sind die notwendigen Wälzlager.

Nachprüfen der Festigkeit der Gewindespindel

Es liegt gemäß den Ausführungen R/M: Kap. 8.5.2 der Beanspruchungsfall 1 vor. Die maximale Druck- und Torsionsspannung fallen nicht zusammen (vgl. Bild 3-12). Daher werden die Druck- und die Torsionsspannung einzeln nachgewiesen. Da der Querschnitt zum ermittelten Richtwert erheblich vergrößert wurde, ist wegen der sich ergebenden vergleichsweise geringen Druckspannung der Nachweis der Knicksicherheit verzichtbar.

Druckteil

$$\sigma_{\mathrm{d}} = \frac{F}{A_3} \le \sigma_{\mathrm{d\,zul}}$$

Zulässige Druckspannung nach
Gl. (8.53)

$$= \frac{2,5 \cdot 10^3 \,\mathrm{N}}{398 \,\mathrm{mm}^2} \approx 6,3 \,\mathrm{Nmm}^{-2} < \sigma_{\mathrm{d\,zul}} \;(= 147,5 \,\mathrm{Nmm}^{-2})$$

$$\sigma_{\mathrm{d\,zul}} = \frac{\sigma_{\mathrm{d\,Sch}}}{2}$$

zulässige Druckspannung nach Legende
zu Gl. (8.50)

$$= \frac{295 \,\mathrm{Nmm}^{-2}}{2} = 147,5 \,\mathrm{Nmm}^{-2}$$

$$\sigma_{\mathrm{d\,Sch}} = K_{\mathrm{t}} \cdot \sigma_{\mathrm{d\,Sch\,N}}$$
$$= 1,0 \cdot 295 \,\mathrm{Nmm}^{-2} = 295 \,\mathrm{Nmm}^{-2}$$

$$K_t = 1,0$$

technologischer Größeneinflussfaktor für
Zugfestigkeit nach TB 3-11a), Linie 1

$$\sigma_{\mathrm{d\,Sch\,N}} = 295 \,\mathrm{Nmm}^{-2}$$

Schwellfestigkeit für Normalstäbe aus
E295 nach TB 1-1

Verdrehteil

$$\tau_{\mathrm{t}} = \frac{T}{W_{\mathrm{t}}} \le \tau_{\mathrm{t\,zul}}$$

Torsionsspannung nach Gl. (8.52)

$$= \frac{5,4 \cdot 10^3 \,\mathrm{Nmm}}{2236,5 \,\mathrm{mm}^3} \approx 2,4 \,\mathrm{Nmm}^{-2} < \tau_{\mathrm{t\,zul}} \;(= 102,5 \,\mathrm{Nmm}^{-2})$$

$$T = \frac{F \cdot d_2}{2} \tan(\varphi + \rho')$$

notwendiges Torsionsmoment zum
Antrieb der Spindel nach Gl. (8.55)

$$= \frac{2,5 \cdot 10^3 \,N \cdot 25,5 \,\mathrm{mm}}{2} \tan(3,6° + 6°) \approx 5,4 \,\mathrm{Nm}$$

$$\tan \varphi = \frac{P_{\mathrm{h}}}{d_2 \cdot \pi}$$

Bestimmung des Gewinde-Steigungs-
winkels nach Gl. (8.1)

$$= \frac{5 \,\mathrm{mm}}{25,5 \,\mathrm{mm} \cdot \pi} \rightarrow \varphi = 3,6°$$

$$P_{\mathrm{h}} = n \cdot P$$
$$= 1 \cdot 5 \,\mathrm{mm} = 5 \,\mathrm{mm}$$

Gewindesteigung für eingängige
Spindel ($n = 1$), vgl. Text zu Gl. (8.1)

$\rho' = 6°$

Spindel aus Stahl mit Flanschmutter aus CuSn8, vgl. Legende Gl. (8.55)

$$W_t = \frac{\pi}{16} \cdot d_3^3$$

polares Widerstandsmoment nach Legende zu Gl. (8.52)

$$= \frac{\pi}{16} \cdot 22,5^3 \, \text{mm}^3 = 2236,5 \, \text{mm}^3$$

$$\tau_{t\,zul} = \frac{\tau_{t\,Sch}}{2}$$

zulässige Torsionsspannung nach Legende zu Gl. (8.52)

$$= \frac{205 \, \text{Nmm}^{-2}}{2} = 102,5 \, \text{Nmm}^{-2}$$

$$\tau_{t\,Sch} = K_t \cdot \tau_{t\,sch\,N}$$
$$= 1,0 \cdot 205 \, \text{Nmm}^{-2} = 205 \, \text{Nmm}^{-2}$$

Torsions-Schwellfestigkeit für $d \le 100$ mm ($K_t = 1,0$) aus E295 nach TB 3-11a), Linie 1

$$\tau_{t\,Sch\,N} = 205 \, \text{Nmm}^{-2}$$

Torsion-Schwellfestigkeit für Normalstäbe aus E295 nach TB 1-1

Hinweis: Der Nachweis auf Torsion setzt voraus, dass das aufzuwendende Torsionsmoment ausschließlich zur Überwindung der Reibung und Steigung in der Spindel dient. Durch eine Funktionsstörung o. ä. bedingt kann sich das Torsionsmoment erheblich erhöhen und berechnet sich gemäß Bild 3-12 aus:

$$T_{max} = F_H \cdot K_A \cdot R_H$$
$$= 150 \, \text{N} \cdot 1,25 \cdot 80 \, \text{mm} = 15,0 \, \text{Nm}$$

Es ist im Einzelfall zu prüfen, mit welchem Torsionswert gerechnet werden muss.

3.4.2 Nachprüfung der Flanschmutter (Pos. 2.2)

$$p = \frac{F \cdot P}{l_1 \cdot d_2 \cdot \pi \cdot H_1} \le p_{zul}$$

Flächenpressung im Gewinde der Mutter nach Gl. (8.61)

$$= \frac{2,5 \cdot 10^3 \, \text{N} \cdot 5 \, \text{mm}}{70 \, \text{mm} \cdot 25,5 \, \text{mm} \cdot \pi \cdot 2,5 \, \text{mm}} \approx 0,89 \, \text{Nmm}^{-2} < p_{zul} \, (= 15 \, \text{Nmm}^{-2})$$

$F = 2,5 \, \text{kN}$ maximale Zugkraft, vgl. Kap. 3.4.1

$P = 5 \, \text{mm}$ Gewindesteigung, vgl. Kap. 3.4.1

$l_1 \approx 2,5 \cdot d$
$ = 2,5 \cdot 28 \, \text{mm} = 70 \, \text{mm}$ maximale wirksame Länge des Muttergewindes nach Legende zu Gl. (8.61)

$d = d_2 = 25,5 \, \text{mm}$ Flankendurchmesser, vgl. Kap. 3.4.1

$H_1 = 2,5 \, \text{mm}$ Flankenüberdeckung, vgl. Kap. 3.4.1

$p_{\text{zul}} = 10...20 \, \text{Nmm}^{-2}$ zul. Flächenpressung, Spindel aus Stahl, Mutter aus CuSn6, nach TB 8-18

Wirkungsgrad der Bewegungsschraube (Lagerreibung unberücksichtigt)

$$\eta \approx \frac{\tan \varphi}{\tan(\varphi + \rho')}$$ Gewindewirkungsgrad nach Gl. (8.62)

$$\approx \frac{\tan 3,6°}{\tan(3,6° + 6°)} = 0,37 < 0,5$$

das Gewinde ist selbsthemmend ebenso, wenn $\eta < 0,5$ oder $\varphi < \varrho'$ ist

$\varphi = 3,6°$ Gewindesteigung, vgl. Abschnitt zuvor

$\rho' = 6°$ Reibungswinkel des Gewindes GG/St nach Legende zu Gl. (8.55)

3.4.3 Auslegung der Gewindespindellagerung (Pos. 3.2 und 3.3)

Bestimmung der Lagerkräfte

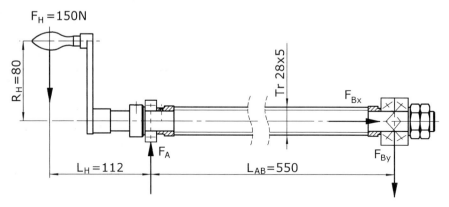

Bild 3-13 Lagerung der Gewindespindel

Die für die Spindelbewegung einzusetzende Handkraft kann aus dem Torsionsmoment aus Kap. 3.4.1 und dem Kurbelradius R_H berechnet werden. Es ist aber nicht davon auszugehen, dass die Bedienung der Handkurbel immer exakt tangential am Kurbelradius erfolgt. In den weiteren Berechnungen ist daher die maximal mögliche Handkraft zu berücksichtigen.

$$\sum M_B = 0 = F_H \cdot K_A \cdot \left(L_H + L_{AB}\right) - F_A \, L_{AB}$$

$$\rightarrow F_A = \frac{F_H \cdot K_A \cdot \left(L_H + L_{AB}\right)}{L_{AB}}$$

$$= \frac{150\,\text{N} \cdot 1,25 \cdot \left(112\,\text{mm} + 550\,\text{mm}\right)}{550\,\text{mm}} \approx 225,7\,\text{N}$$

$F_H = 150\,\text{N}$ Handkraft lt. Aufgabenstellung

$K_A = 1,25$ Anwendungsfaktor, ungleichmäßig
                                auftretende Handkraft nach TB 3-5a)

$$\sum F = 0 = F_A - F_{By} - F_H \cdot K_A$$

$$\rightarrow F_{By} = F_A - F_H \cdot K_A$$

$$= 225,7\,\text{N} - 150\,\text{N} \cdot 1,25 \approx 38,2\,\text{N}$$

$$F_{Bx} = F_S \cdot K_A$$

$$= 2\,\text{kN} \cdot 1,25 = 2,5\,\text{kN}$$

Auslegung der Lager

Ermittlung der dynamischen Tragzahl C und der statischen Tragzahl C_0 für eine angenommene maximale Drehzahl $n = 60 \text{ min}^{-1}$ sowie Auswahl der Lager nach R/M: Kapitel 14.2.6

Loslager A: dynamisch

$$C_{\text{erf}} \geq P \cdot \frac{f_L}{f_n} \qquad \text{erforderliche dynamische Tragzahl nach Gl. (14.1)}$$

$$= 225,7 \,\text{N} \cdot \frac{3,5}{0,8} = 987,5 \,\text{N} \approx 1 \,\text{kN} < C_{6004} \ (= 9,3 \,\text{kN})$$

$P = F_A = 225,7 \,\text{N}$	dynamische Lagerbelastung, da bei Loslagern keine axialen Kräfte auftreten
$f_L = 3,5$	Lebensdauer-Faktor für Hebezeuge nach TB 14-7 bzw. für eine Lebensdauer von ca. 20 000 h nach TB 14-5
$f_n = 0,8$	Drehzahlfaktor für $n = 60 \text{ min}^{-1}$ (geschätzt), nach TB 14-4
$C_{6004} = 9,3 \,\text{kN}$	dynamische Tragzahl für Lager 6004 nach TB 14-2, Lagerauswahl unter Berücksichtigung des Spindelzapfens

Loslager A: statisch

$C_0 = P_0 \cdot S_0 = 0$	erforderliche statische Tragzahl nach Gl. (14.2), *Hinweis:* Im Stillstand keine Radialbelastung ($P_0 = F_{r0} = 0$)

Festlager B: dynamisch

Da von dem Festlager eine hohe Axialkraft bei relativ geringer Radialkraft aufgenommen werden muss, werden zwei einreihige Schrägkugellager in X-Anordnung eingesetzt (siehe hierzu R/M: Bild 14-21). Die Konstruktion erfolgt als X-Anordnung (vgl. Bild 3-13 und R/M: Bild 14-36), da diese weniger empfindlich auf eine Wellen- bzw. Spindeldurchbiegung reagiert. Eine O-Anordnung ist im Vergleich starrer.

$$C_{\text{erf}} \geq P \cdot \frac{f_L}{f_n} \qquad \text{erforderliche dynamische Tragzahl nach Gl. (14.1)}$$

$$= 2,34 \,\text{kN} \cdot \frac{3,5}{0,8} \approx 10,3 \,\text{kN} \leq C_{7204} \ (= 13,4 \,\text{kN})$$

$$P = X \cdot F_r + Y \cdot F_a$$
$$= 0{,}57 \cdot 0{,}02\,\text{kN} + 0{,}93 \cdot 2{,}5\,\text{kN} \approx 2{,}34\,\text{kN}$$

äquivalente dynamische Lagerbelastung nach Gl. (14.6)

$$F_r = \frac{F_{By}}{2}$$
$$= \frac{38{,}2\,\text{N}}{2} = 19{,}1\,\text{N} \approx 0{,}02\,\text{kN}$$

radiale Lagerbelastung pro Lager

$$F_a = F_{Bx} = 2{,}5\,\text{kN}$$

axiale Lagerkraft für beide Lager, jeweils für eine Lastrichtung

$$\frac{F_a}{F_r} = \frac{2500\,\text{N}}{20\,\text{N}} = 125 > e = 1{,}14$$

für Schrägkugellager Reihe 72 und X-Anordnung nach TB 14-3a)

$$X = 0{,}57 \quad ; \text{Radialfaktor für } \frac{F_a}{F_r} > e \text{ nach TB 14-3a)}$$

$$Y = 0{,}93 \quad ; \text{Axialfaktor für } \frac{F_a}{F_r} > e \text{ nach TB 14-3a)}$$

für Schrägkugellager der Reihe 72 in X-Anordnung

$$C_{7204} = 13{,}4\,\text{kN}$$

dynamische Tragzahl für Lager 7204 nach TB 14-2, Lagerauswahl unter Berücksichtigung des Spindelzapfens für eine Lebensdauer von ca. 20 000 h nach TB 14-5

$$f_L = 3{,}5 \text{ und } f_n = 0{,}8$$

vgl. Lager A

Festlager B: statisch

Hinweis: Da der Anwendungsfaktor $K_A = 1{,}0$ beträgt entfällt die Herausrechnung für die statische Lagerberechnung.

$$C_0 = P_0 \cdot S_0$$
$$= 2500\,\text{N} \cdot 1{,}5 = 3750\,\text{N} < C_{0\,7204}\,(= 7{,}65\,\text{kN})$$

erforderliche statische Tragzahl nach Gl. (14.2)

$$P_0 = F_{a0} = F_{Bx} = 2{,}5\,\text{kN} \leq C_0$$

statische äquivalente Lagerbelastung bei nur axial belasteten Lagern nach Kommentar zu Gl. (14.5)

$$S_0 = 1{,}5$$

statische Kennzahl bei normalem Betrieb nach Legende zu Gl. (14.2)

$$C_{0\,7204} = 7{,}65\,\text{kN}$$

statische Tragzahl für Schrägkugellager Reihe 7204 nach TB 14-2

3.4.4 Festigkeitsnachweis der Spindel Mitte Loslager (Pos. 3.1)

allgemeine Vergleichsspannung nach Gl. (3.5), da im Gewindeteil vor der Mutter die Biege- und Torsionsspannung zusammenfallen

$$\sigma_v = \sqrt{\sigma_b^2 + 3 \cdot \left(\frac{\sigma_{zul}}{\varphi \cdot \tau_{zul}} \cdot \tau_t\right)^2} \leq \sigma_{b\,zul}$$

$$= \sqrt{(26,7\,\text{Nmm}^{-2})^2 + 3 \cdot (0,7 \cdot 9,6\,\text{Nmm}^{-2})^2}$$

$$\approx 27,5\,\text{Nmm}^{-2} < \sigma_{b\,zul}\ (= 177,5\,\text{Nmm}^{-2})$$

$$\sigma_b = \frac{M_L}{W_b}$$

Biegespannung
Mitte Lager

$$= \frac{21 \cdot 10^3\,\text{Nmm}}{785,4\,\text{mm}^3} \approx 26,7\,\text{Nmm}^{-2}$$

$$M_L = F_{H\,max} \cdot l_a$$

Biegemoment
Mitte Lager

$$= 187,5\,\text{N} \cdot 112\,\text{mm} \approx 21000\,\text{Nmm} = 21,0\,\text{Nm}$$

$$F_{H\,max} = K_A \cdot F_H$$

$$= 1,25 \cdot 150\,\text{N} = 187,5\,\text{N}$$

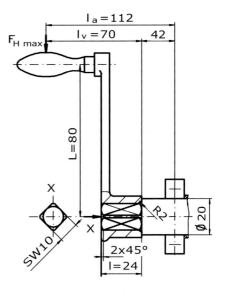

Bild 3-14 Kurbel mit Lager

$$K_A = 1,25$$

Anwendungsfaktor für die ungleichmäßig auftretende Handkraft gewählt nach TB 3-5a)

$$F_H = 150\,\text{N}$$

einzusetzende Handkraft laut Aufgabenstellung bzw. Anforderungsliste

$$l_a = 112\,\text{mm}$$

Hebelarm bis Mitte Lager, vgl. Bild 3-14

$$W_b = \frac{\pi}{32} \cdot d^3$$

axiales Widerstandsmoment für den Querschnitt des Lagersitzes, vgl. TB 11-3

$$= \frac{\pi}{32} \cdot 20^3\,\text{mm}^3 \approx 785,4\,\text{mm}^3$$

$$d = 20\,\text{mm}$$

Zapfendurchmesser, vgl. Bild 3-14

$$\frac{\sigma_{zul}}{\varphi \cdot \tau_{zul}} \approx 0,7$$

vorhandenes Bruchspannungsgefälle für übliche Fälle (σ- und τ-Spannung in unterschiedlichen Lastfällen), nach Legende zu Gl. (3.5)

$$\tau_t = \frac{T_{max}}{W_t}$$

Torsionsspannung Mitte Lager

$$= \frac{15,0 \cdot 10^3\,\text{Nmm}}{1570,8,8\,\text{mm}^3} \approx 9,6\,\text{Nmm}^{-2}$$

$T_{max} = 15,0\,\text{Nm}$

maximales Torsionsmoment, vgl. Kap. 3.4.1

$$W_t = \frac{\pi}{16} \cdot d^3$$

polares Widerstandsmoment für den Lagersitz, vgl. TB 11-3

$$= \frac{\pi}{16} \cdot (20)^3\,\text{mm}^3 \approx 1570,8\,\text{mm}^3$$

$$\sigma_{b\,zul} = K_t \cdot \sigma_{b\,Sch\,N} / S$$

zulässige Spannung, Sicherheit S mit Faktor 2 abgeschätzt und $K_t = 1,0$

$$= 1,0 \cdot 355\,\text{Nmm}^{-2} / 2 = 177,5\,\text{Nmm}^{-2}$$

$\sigma_{b\,Sch\,N} = 355\,\text{Nmm}^{-2}$

Torsions-Schwellfestigkeit für Normalstäbe aus E295 nach TB 1-1

Wegen der geringen Spannung wird auf den genaueren Festigkeitsnachweis nach R/M: Bild 11-23 verzichtet.

3.4.5 Festigkeitsnachweis für die Übergangsstelle vom Vierkant auf den zylindrischen Teil des Lagersitzes (Pos. 3.1)

Statischer Festigkeitsnachweis

Hinweis: Beachte Angaben zum statischen Festigkeitsnachweis in Kap. 1.4.3.

$$S_F = \frac{1}{\sqrt{\left(\dfrac{\sigma_{b\,max}}{\sigma_{bF}}\right)^2 + \left(\dfrac{\tau_{t\,max}}{\tau_{tF}}\right)^2}} \geq S_{F\,min}$$

Sicherheit gegen Fließen nach R/M: Bild 11-23

$$= \frac{1}{\sqrt{\left(\dfrac{76,5\,\text{Nmm}^{-2}}{354\,\text{Nmm}^{-2}}\right)^2 + \left(\dfrac{72,1\,\text{Nmm}^{-2}}{204,4\,\text{Nmm}^{-2}}\right)^2}} \approx 2,4 > S_{F\,min}\ (= 1,5)$$

$$\boxed{\sigma_{b\,max}} = \frac{M_v}{W_b}$$

maximale Biegespannung

$$= \frac{12{,}75 \cdot 10^3\,\text{Nmm}}{166{,}7\,\text{mm}^3} \approx 76{,}5\,\text{Nmm}^{-2}$$

$$M_v = F_{H\,max} \cdot (l_v - R)$$
$$= 187{,}5\,\text{N} \cdot (70 - 2)\,\text{mm} = 12{,}75\,\text{Nm}$$

Biegemoment an der gefährdeten Stelle des Vierkants, vgl. Bild 3-14

$$F_{H\,max} = 187{,}5\,\text{N}$$

maximale Handkraft an der Kurbel, vgl. Kap. 3.4.4

$$l_v = 70\,\text{mm}$$

Hebelarm bis Absatz, vgl. Bild 3-14

$$R = 2\,\text{mm}$$

Radius am Übergang, vgl. Bild 3-14

$$W_b = \frac{h^3}{6}$$
$$= \frac{10^3\,\text{mm}^3}{6} = 166{,}7\,\text{mm}^3$$

axiales Widerstandsmoment für quadratische Querschnitte, Formel aus allgemeinem Tabellenbuch

$$h = 10\,\text{mm}$$

Schlüsselweite, vgl. Bild 3-14

$$\boxed{\sigma_{bF}} = 1{,}2 \cdot R_{p0,2N} \cdot K_t$$
$$= 1{,}2 \cdot 295\,\text{Nmm}^{-2} \cdot 1{,}0 = 354\,\text{Nmm}^{-2}$$

Biege-Fließgrenze nach R/M: Bild 11-23

$$R_{p0,2N} = 295\,\text{Nmm}^{-2}$$

Dehngrenze für E295 nach TB 1-1

$$K_t = 1{,}0$$

technologischer Größeneinflussfaktor für $d < 32$ mm nach TB 3-11a), Linie 2

$$\boxed{\tau_{t\,max}} = \frac{T_{max}}{W_t}$$

maximale Torsionsspannung

$$= \frac{15{,}0 \cdot 10^3\,\text{Nmm}}{208{,}0\,\text{mm}^3} \approx 72{,}1\,\text{Nmm}^{-2}$$

$$T_{max} \approx 15{,}0\,\text{Nm}$$

maximales Torsionsmoment an der Kurbel, vgl. Kap. 3.4.1

$$W_t = 0,208 \cdot s^3$$

$$= 0,208 \cdot 10^3 \, \text{mm}^3 = 208,0 \, \text{mm}^3$$

polares Widerstandsmoment für
quadratische Querschnitte, Formel aus
allgemeinem Tabellenbuch

$$s = 10 \, \text{mm}$$

Schlüsselweite, vgl. Bild 3-14

$$\tau_{tF} = \frac{1,2 \cdot R_{p0,2\,N} \cdot K_t}{\sqrt{3}}$$

Torsions-Fließgrenze nach R/M: Bild 11-23

$$= \frac{1,2 \cdot 295 \, \text{Nmm}^{-2} \cdot 1,0}{\sqrt{3}} \approx 204,4 \, \text{Nmm}^{-2}$$

$$S_{F\,\text{min}} = 1,5$$

Mindestsicherheit gegen Fließen nach
TB 3-14a)

Dynamischer Festigkeitsnachweis

$$S_D = \frac{1}{\sqrt{\dfrac{\sigma_{ba}^{2}}{\sigma_{bGW}} + \dfrac{\tau_{ta}^{2}}{\tau_{tGW}}}} \geq S_{D\,\text{erf}}$$

Sicherheit gegen Dauerbruch nach R/M:
Bild 11-23

$$= \frac{1}{\sqrt{\dfrac{76,5 \, \text{Nmm}^{-2}}{259,1 \, \text{Nmm}^{-2}}^{\,2} + \dfrac{36,1 \, \text{Nmm}^{-2}}{172,3 \, \text{Nmm}^{-2}}^{\,2}}} \approx 2,8 > S_{D\,\text{erf}} \, (= 1,56)$$

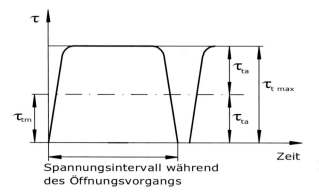

Spannungsintervall während
des Öffnungsvorgangs

Bild 3-15
Spannungsverlauf der Gewindespindel

Die Torsionsbelastung der Seilzugvorrichtung erfolgt im Betrieb entsprechend Bild 3-15
überwiegend statisch. Wegen der kurzzeitig auftretenden Belastung werden die Festigkeitswer-
te der Torsion vorzugsweise als schwellend angenommen. Diese Betrachtung liegt auf der
‚sicheren Seite'.

$$\sigma_{ba} = \sigma_{b\,max} = 76,5\,\text{Nmm}^{-2}$$

Ausschlagspannung der Biegebelastung, vgl. vorheriger Abschnitt

$$\tau_{ta} = \frac{\tau_{t\,max}}{2}$$

$$= \frac{72,1\,\text{Nmm}^{-2}}{2} = 36,1\,\text{Nmm}^{-2}$$

Ausschlagspannung der Torsionsbelastung, vgl. vorheriger Abschnitt und vgl. Legende R/M: Bild 11-23 zur schwellenden Torsionsbelastung

$$\sigma_{bGW} = \frac{\sigma_{bWN} \cdot K_t}{K_{Db}}$$

$$= \frac{355\,\text{Nmm}^{-2} \cdot 1,0}{1,37} \approx 259,1\,\text{Nmm}^{-2}$$

Gestaltschwellfestigkeit mit $K_t = 1,0$ für $d \leq 100$ mm aus E295 nach TB 3-11a), Linie 1

$$\sigma_{bGW\,N} = \sigma_{bGSch\,N} = 355\,\text{Nmm}^{-2}$$

Schwellfestigkeit für E295 nach TB 1-1

$$K_t = 1,0$$

technologischer Größeneinflussfaktor nach TB 3-11a), Linie 1 für $d \leq 100$ mm

$$\tau_{tGW} = \frac{\tau_{tWN} \cdot K_t}{K_{Dt}}$$

$$= \frac{205\,\text{Nmm}^{-2} \cdot 1,0}{1,19} \approx 172,3\,\text{Nmm}^{-2}$$

Torsions-Schwellfestigkeit

$$\tau_{tW\,N} = \tau_{tSch\,N} = 205\,\text{Nmm}^{-2}$$

Schwellfestigkeit für E295 nach TB 1-1

Berechnung der Konstruktionsfaktoren für Biegung und für Torsion
(Die Berechnungen erfolgen nach R/M: Gl. (3.16) bzw. Bild 3-27)

$$K_{Db} = \left(\frac{\beta_{kb}}{K_g} + \frac{1}{K_{O\sigma}} - 1 \right) \cdot \frac{1}{K_V}$$

$$= \left(\frac{1,21}{0,98} + \frac{1}{0,88} - 1 \right) \cdot \frac{1}{1} \approx 1,37$$

Konstruktionsfaktor für Biegung zur Berücksichtigung der dauerfestigkeitsmindernden Einflüsse nach Gl. (3.16) bzw. R/M: Bild 11-23

$$K_{Dt} = \left(\frac{\beta_{kt}}{K_g} + \frac{1}{K_{O\tau}} - 1 \right) \cdot \frac{1}{K_v}$$

$$= \left(\frac{1,09}{0,98} + \frac{1}{0,93} - 1 \right) \cdot \frac{1}{1} \approx 1,19$$

Konstruktionsfaktor für Torsion zur Berücksichtigung der dauerfestigkeitsmindernden Einflüsse nach Gl. (3.16) bzw. R/M: Bild 11-23

$$\beta_{kb} = \frac{\alpha_{kb}}{n_0 \cdot n}$$

Kerbwirkungszahl für Biegung nach Gl. (3.15b)

$$= \frac{1,45}{1 \cdot 1,2} \approx 1,21$$

$\alpha_{kb} \approx 1,45$

Kerbformzahl für Biegung von abgesetzten Rundstäben nach TB 3-6d); *Hinweis*: keine Tabelle für Vierkant auf Rund

für $\dfrac{r}{d} = \dfrac{2\,\text{mm}}{10\,\text{mm}} = 0,2$ und

$$\frac{D}{d} = \frac{20\,\text{mm}}{10\,\text{mm}} = 2,0$$

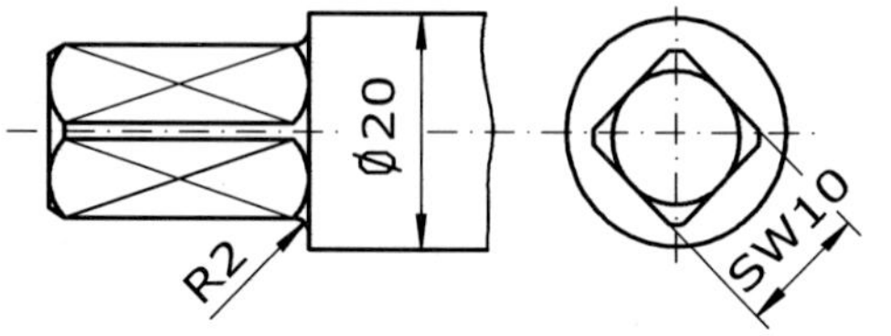

Bild 3-16 Vierkant für die Handkurbel

$r = R = 2\,\text{mm};\quad D = 20\,\text{mm}$

vgl. Bild 3-16

$d = SW = 10\,\text{mm}$

Annahme mit Flächenreduzierung auf ‚sicherer Seite'

$n_0 = 1$

Stützzahl, ungekerbte Bauteile, s. Legende zu Gl. (3.15b)

$n \approx 1,2$

Stützzahl für gekerbte Bauteile nach TB 3-7a)

$$G' = \frac{2,3}{r}(1+\varphi)$$

bezogenes Spannungsgefälle für Biegung nach TB 3-7c)

$$= \frac{2,3}{2\,\text{mm}}(1+0) = 1,15\,\text{mm}^{-1}$$

wenn $\dfrac{D-d}{d} = \dfrac{20\,\text{mm} - 10\,\text{mm}}{10\,\text{mm}} = 1,0 > 0,5$ ist $\varphi = 0$

$R_{p0,2} = R_{p0,2\,N} = 295\,\text{Nmm}^{-2}$

Dehngrenze für E295 $K_t = 1,0$ für $d < 32$ mm nach TB 3-11a), Linie 2

$$\beta_{kt} = \frac{\alpha_{kt}}{n_0 \cdot n}$$

Kerbwirkungszahl für Torsion nach Gl. 3.15b)

$$= \frac{1,25}{1 \cdot 1,15} \approx 1,09$$

$\alpha_{kt} \approx 1,25$ Kerbformzahl für Torsion von abgesetzten Rundstäben nach TB 3-6d)

für $\dfrac{r}{d} = \dfrac{2\,\text{mm}}{10\,\text{mm}} = 0,2$ und $\dfrac{D}{d} = \dfrac{20\,\text{mm}}{10\,\text{mm}} = 2,0$ Werte vgl. Ermittlung α_{kb}

$n_0 = 1$ Stützzahl, ungekerbte Bauteile, s. Legende zu Gl. (3.15b)

$n \approx 1,15$ Stützzahl für gekerbte Bauteile bei Torsionsbelastung für G' = 0,58 mm^{-1} nach TB 3-7a), $R_{p\,0,2\,N}$ - Wert vgl. vorher

$G' = \dfrac{1,15}{r} = \dfrac{1,15}{2\,\text{mm}} \approx 0,58\,\text{mm}^{-1}$ bezogenes Spannungsgefälle für Torsion nach TB 3-7c)

$K_g \approx 0,98$ geometrischer Größeneinflussfaktor für d = 10 mm nach TB 3-11c)

$K_{O\sigma} \approx 0,88$ Einflussfaktor der Oberflächenrauheit für Normalspannung und der Rautiefe R_z = 25 μm nach TB 3-10a)

$R_z = 16\,\mu\text{m}$ Rautiefe für geschlichteten Vierkant nach TB 2-12a)

$R_m = R_{m\,N} \cdot K_t$
$= 490\,\text{Nmm}^{-2} \cdot 1 = 490\,\text{Nmm}^{-2}$ Zugfestigkeit für E295 und K_t nach TB 3-11a), Linie 1

$K_V = 1,0$ Einflussfaktor der Oberflächenverfestigung nach TB 3-12 (keine Einflüsse genannt)

$S_{D\,erf} = S_{D\,min} \cdot S_z$
$= 1,3 \cdot 1,2 = 1,56$ erforderliche Sicherheit gemäß R/M: Bild 11-23

$S_{D\,min} = 1,3$ Mindestsicherheit gemäß Einordnung in TB 3-14b)

$S_z = 1,2$ Sicherheitszuschlag für schwellende Biegung und Torsion nach TB 3-14c)

3.4.6 Flächenpressung am Vierkantsitz der Handkurbel (Pos. 3.1)

(siehe hierzu auch Steckstift-Verbindungen R/M: Kap. 9.3.2 und Gl. (9.19) sowie Bild 3-14)

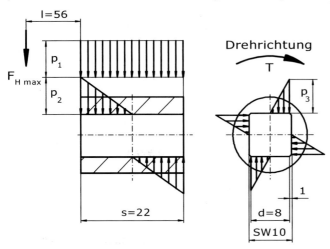

Bild 3-17
Flächenpressung am Vierkant

$$p_{max} = p_1 + p_2 = \frac{K_A \cdot F_{nenn} \cdot (6 \cdot l + 4 \cdot s)}{d \cdot s^2} \qquad \text{Flächenpressung nach Gl. (9.19)}$$

$$= \frac{1,25 \cdot 150\,\text{N} \cdot (6 \cdot 56\,\text{mm} + 4 \cdot 22\,\text{mm})}{8\,\text{mm} \cdot 26^2\,\text{mm}^2} \approx 16,6\,\text{Nmm}^{-2}$$

$K_A = 1,25$ Anwendungsfaktor, vgl. Kap. 3.4.1

$F_{nenn} = F_{H\,max} = 150\,\text{N}$ maximale Handkraft lt. Aufgabenstellung

$l = 56\,\text{mm}$ Abstand der Handkraft vom Vierkantende, vgl. Bild 3-17

$d = SW - 2\,\text{mm}$
$ = 10\,\text{mm} - 2\,\text{mm} = 8\,\text{mm}$ Schlüsselweite minus Fasenbreite, vgl. Bild 3-17

$s = 22\,\text{mm}$ Länge des Vierkants minus 2 mm für Fase und Radius, nach Bild 3-14

$R_m = K_t \cdot R_{m\,N}$
$ = 1,0 \cdot 490\,\text{Nmm}^{-2} = 490\,\text{Nmm}^{-2}$ Zugfestigkeit für E295

$K_t = 1,0$ technologischer Größeneinflussfaktor nach TB 3-11a), Linie 1

$R_{m\,N} = 490\,\text{Nmm}^{-2}$ Zugfestigkeit für Normalstähle aus E295 nach TB 1-1

Da Flächen nie geometrisch ideal gefertigt werden können, wird sich die Flächenpressung auf dem Vierkant ungleich verteilen. In Analogie zur Passfederberechnung wird die ungleiche Verteilung über einen Tragfaktor ρ berücksichtigt (vgl. Gl. 12.1).

$$p_3 = \frac{T}{n \cdot \varphi \cdot W}$$

durch das Kurbeldrehmoment verursachte Flächenpressung nach Bild 3-17

$$= \frac{15\,000\,\text{Nmm}}{2 \cdot 0,75 \cdot 234,7\,\text{mm}^3} \approx 42,6\,\text{Nmm}^{-2}$$

$$T = K_A \cdot F_H \cdot L$$

Drehmoment an der Kurbel, K_A und F_H vgl. Kap. 3.4.1

$$= 1,25 \cdot 150\,\text{N} \cdot 80\,\text{mm} = 15,0 \cdot 10^3\,\text{Nmm}$$

$L = 80\,\text{mm}$

Kurbelhebelarm nach Bild 3-14

$n = 2$

Anzahl der ganzen tragenden Seiten; eine ganze tragende Seite besteht aus den zwei gegenüberliegenden Seiten, da jede Seite nur zur Hälfte belastet wird

$\varphi = 0,75$

Tragfaktor zur Berücksichtigung des ungleichmäßigen Tragens der Vierkantseiten; siehe hierzu Passfederberechnung Gl. (12.1)

$$W = \frac{s \cdot d^2}{6}$$

axiales Widerstandsmoment für Rechteckquerschnitte aus allgemeinem Tabellenbuch angewandt auf Vierkantfläche (bezogen auf die Längsachse), s und d vgl. Abschnitte zuvor

$$= \frac{22 \cdot 8^2\,\text{mm}^2}{6} = 234,7\,\text{mm}^3$$

$$p_{ges} = p_{max} + p_3 \leq p_{zul}$$

$$= 16,6\,\text{Nmm}^{-2} + 42,6\,\text{Nmm}^{-2} = 59,2\,\text{Nmm}^{-2} < p_{zul}\,(= 122,5\,\text{Nmm}^{-2})$$

$$p_{zul} = 0,25 \cdot R_m$$

zul. Flächenpressung bei schwellender Belastung nach Legende zu Gl. (9.4)

$$= 0,25 \cdot 490\,\text{Nmm}^{-2} = 122,5\,\text{Nmm}^{-2}$$

3.4.7 Berechnung des Seilwinden-Gestells (Pos. 1)

(nach R/M: Kap. 6.3.3: Berechnung der Schweißverbindungen im Maschinenbau)

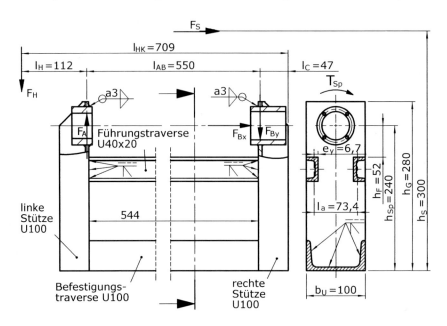

Bild 3-18 Gestell der Seilspannvorrichtung

Auf das Gestell wirkenden äußeren Kräfte:

$$F_S = 2\,\text{kN} \qquad \text{Größe der Seilkraft}$$

$$F_H = 150\,\text{N} \qquad \text{Handkraft an der Kurbel}$$

$\left.\begin{array}{c} \\ \\ \end{array}\right\}$ lt. Aufgabenstellung

Im System entstehende innere Kräfte, die aber auf Teile des Gestells als äußere Kräfte wirken (siehe Lagerberechnung):

$$F_{Bx} = 2,5\,\text{kN} \qquad\qquad \text{auf das Festlager wirkende Axialkraft, vgl. Kap. 3.4.3}$$

$$F_{By} = 38,2\,\text{N} \qquad\qquad \text{auf das Festlager wirkende Radialkraft, vgl. Kap. 3.4.3}$$

$$F_A = 225,7\,\text{N} \qquad\qquad \text{auf das Loslager wirkende Radialkraft, vgl. Kap. 3.4.3}$$

$$T_{Sp} = T_{max} = 15,0\,\text{Nm} \quad \text{Spindeldrehmoment, vgl. Ausführungen Kap. 3.4.1}$$

Festigkeitsnachweis für die Führungstraverse (Pos. 1.3)

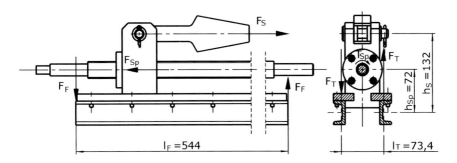

Bild 3-19 Seilzugführung

Bestimmung der Reaktionskräfte an den Führungstraversen

Den äußeren Momenten $F_S \cdot h_S$ (rechtsdrehend) und $F_{Sp} \cdot h_{Sp}$ (linksdrehend) setzen die beiden Führungstraversen ein inneres Moment $F_F \cdot l_F$ entgegen:

$$\Sigma M = 0 = 2 \cdot F_F \cdot l_F + K_A \cdot F_{Sp} \cdot h_{Sp} - K_A \cdot F_S \cdot h_S$$ Gleichgewichtsbedingung für F_S
und F_{Sp}, vgl. Bild 3-19

$$\rightarrow F_F = K_A \cdot \frac{-F_{Sp} \cdot h_{Sp} + F_S \cdot h_S}{2 \cdot l_F}$$ Auflagekraft pro Traverse durch die Seil- und Spindelkraft

$$= 1,25 \cdot \frac{-2\,\text{kN} \cdot 72\,\text{mm} + 2\,\text{kN} \cdot 132\,\text{mm}}{2 \cdot 544\,\text{mm}} \approx 138\,\text{N}$$

$K_A = 1,25$ Anwendungsfaktor, vgl. Kap. 3.4.1

$F_{Sp} = 2\,\text{kN}$ Spindelkraft als Reaktionskraft auf die Seilkraft

h_{Sp}, h_S Abstände zur Schwereachse, vgl. Bild 3-19

$l_F = 544\,\text{mm}$ Länge der Führungstraverse, vgl. Bild 3-19

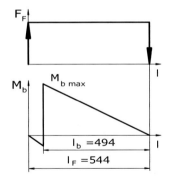

Bild 3-20
Querkraft- und Biegemomentverlauf in einer Traverse
durch Spindel- und Seilkraft

$$\Sigma M = 0 = F_T \cdot l_T - T_{Sp}$$

Gleichgewichtsbedingungen für $T_{Sp} = 15,0$ Nm

$$\rightarrow F_T = \frac{T_{Sp}}{l_T}$$

Kraft pro Traverse durch das Spindeldrehmoment
(s. vor), vgl. Bild 3-19

$$= \frac{15,0 \cdot 10^3 \text{ Nmm}}{73,4 \text{ mm}} \approx 204 \text{ N}$$

$l_T = 73,4$ mm

Abstand der Schwerelinien der Führungstraversen,
vgl. Bild 3-19

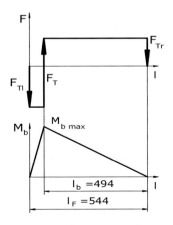

Bild 3-21
Querkraft- und Biegemomentverlauf in einer Traverse
durch Spindelkraft F_T

$$\Sigma M_{(l)} = 0 = F_T \cdot (l_F - l_b) - F_{Tr} \cdot l_F$$

$$\rightarrow F_{Tr} = \frac{F_T \cdot (l_F - l_b)}{l_F}$$

Auflagerreaktion an rechter Anbindung einer
Traverse

$$= \frac{204 \text{ N} \cdot (544 \text{ mm} - 494 \text{ mm})}{544 \text{ mm}} \approx 19 \text{ N}$$

$l_b = 494$ mm

Abstand bei maximaler Belastung (Anlage der
Mutter an linker Stütze), l_F vgl. zuvor

Ermittlung der Stützkräfte an der rechten Stütze (Pos. 1.1)

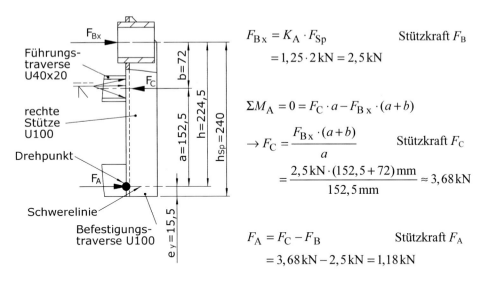

$$F_{Bx} = K_A \cdot F_{Sp} \qquad\qquad \text{Stützkraft } F_B$$

$$= 1,25 \cdot 2\,\text{kN} = 2,5\,\text{kN}$$

$$\Sigma M_A = 0 = F_C \cdot a - F_{Bx} \cdot (a+b)$$

$$\rightarrow F_C = \frac{F_{Bx} \cdot (a+b)}{a} \qquad\qquad \text{Stützkraft } F_C$$

$$= \frac{2,5\,\text{kN} \cdot (152,5 + 72)\,\text{mm}}{152,5\,\text{mm}} \approx 3,68\,\text{kN}$$

$$F_A = F_C - F_B \qquad\qquad \text{Stützkraft } F_A$$

$$= 3,68\,\text{kN} - 2,5\,\text{kN} = 1,18\,\text{kN}$$

Bild 3-22 Anbindung der Traversen an die rechte Stütze

Festigkeitsnachweis für die Führungstraverse (Pos. 1.3)

Die größte Belastung der Führungstraverse tritt auf, wenn das Zugelement mit der Mutter an der linken Stütze anliegt (vgl. Bild 3-20 und Bild 3-21). Dann wird die Traverse mit dem größten Hebelarm auf Biegung belastet und durch die Gewindespindelbelastung des Festlagers über die rechte Stütze auf Zug.

$$\sigma_b = \frac{F_{ges} \cdot l_b}{W_b} \qquad\qquad \text{max. Biegespannung in der Führungstraverse}$$

$$= \frac{157\,\text{N} \cdot 494\,\text{mm}}{3,79 \cdot 10^3\,\text{mm}^3} \approx 20,5\,\text{Nmm}^{-2}$$

$$F_{ges} = F_F + F_{Tr} \qquad\qquad \text{Belastung an einer rechten Traverse mit } F_F \text{ und}$$
$$= 138\,\text{N} + 19\,\text{N} = 157\,\text{N} \qquad F_{Tr} \text{ vgl. zuvor}$$

$$l_b = 494\,\text{mm} \qquad\qquad \text{maximaler Hebelarm, vgl. Bild 3-20 und Bild 3-21}$$

$$W_b = W_x = 3,79\,\text{cm}^3 = 3790\,\text{mm}^3 \qquad \text{Widerstandsmoment für U40x20 nach TB 1-10}$$

$$\sigma_z = \frac{F_C}{2 \cdot A} \qquad\qquad \text{Zugspannung in einer Führungstraverse mit } F_c \text{ vgl.}$$
$$\qquad\qquad\qquad\qquad \text{vorheriger Abschnitt}$$

$$= \frac{3,68 \cdot 10^3\,\text{N}}{2 \cdot 366\,\text{mm}^2} \approx 5,0\,\text{Nmm}^{-2}$$

$A = 3,66 \, \text{cm}^2 = 366 \, \text{mm}^2$ Querschnittsfläche für U40x20 nach TB 1-10

$\boxed{\sigma_{\text{max}} = \sigma_b + \sigma_z \leq \sigma_{\text{zul}}}$ maximale Spannung in den Führungstraversen

$= 20,5 \, \text{Nmm}^{-2} + 5,0 \, \text{Nmm}^{-2} \approx 25,5 \, \text{Nmm}^{-2} < \sigma_{\text{zul}} \; (= 150 \, \text{Nmm}^{-2})$

$\boxed{\sigma_{\text{zul}} = \sigma_{\text{zul}}^* = 150 \, \text{Nmm}^{-2}}$ zul. Spannung für ungeschweißte Bauteile aus S235JR nach TB 6-13a) Linie A, siehe Hinweis nach TB 6-12 und $K_t = 1,0$ für $d \leq 32$ mm

Spannungsnachweis für die Schweißnaht zwischen Führungstraverse (Pos. 1.3) **und Stütze** (Pos. 1.1)

$\boxed{\sigma_{\perp z} = \dfrac{F}{A_{\text{w}}}}$ Zugspannung nach Gl. (6.18)

$= \dfrac{3,68 \cdot 10^3 \, \text{N}}{2 \cdot 366 \, \text{mm}^2} \approx 5,0 \, \text{Nmm}^{-2}$

$F = F_{\text{C}} = 3,68 \, \text{kN}$ Zugkraft zwischen Führungstraversen und rechter Stütze

$A_{\text{w}} = A_{\text{U}} = 3,66 \, \text{cm}^2 = 366 \, \text{mm}^2$ Querschnittsfläche für Stumpfnähte an U40x20 nach TB 1-10

$\boxed{\begin{aligned} \tau_{\parallel} \;\; &= \dfrac{F}{A_{\text{w}}} \\ &= \dfrac{342 \, \text{N}}{366 \, \text{mm}^2} \approx 0,9 \, \text{Nmm}^{-2} \end{aligned}}$ Schubspannung nach Gl. (6.18)

Hinweis: Im Gegensatz zu Kehlnähten tritt bei HV-Nähten keine besondere Kerbwirkung in Halsnähten auf. Daher wird mit dem gesamten Querschnitt gerechnet.

$F = F_{\text{F}} + F_{\text{T r}}$
$= 138 \, \text{N} + 204 \, \text{N} = 342 \, \text{N}$ Schubkraft zwischen Führungstraverse und rechter Stütze, $F_{\text{T r}} \approx F_{\text{T}}$, wenn Mutter rechts anliegt (vgl. Bild 3-21)

$A_{\text{w}} = h \cdot s$
$= 40 \, \text{mm} \cdot 5 \, \text{mm} = 200 \, \text{mm}^2$ parallele Schubnähte für U40x20 nach TB 1-10

$\boxed{\sigma_{\text{wv}} = 0,5 \cdot \left(\sigma_{\perp} + \sqrt{\sigma_{\perp}^2 + 4 \cdot \tau_{\parallel}^2} \right) \leq \sigma_{\text{w zul}}}$ Vergleichsspannung im Maschinenbau nach Gl. (6.27)

$= 0,5 \cdot \left(5,0 \, \text{Nmm}^{-2} + \sqrt{(5,0 \, \text{Nmm}^{-2})^2 + 4 \cdot (0,9 \, \text{Nmm}^{-2})^2} \right)$

$\approx 3,9 \, \text{Nmm}^{-2} < \sigma_{\text{w zul}} \; (= 80 \, \text{Nmm}^{-2})$

$$\sigma_{w\,zul} = b \cdot \sigma^*_{w\,zul}$$

$$= 1{,}0 \cdot 80\,\text{Nmm}^{-2} = 80\,\text{Nmm}^{-2}$$

zulässige Spannung für Stumpfschweißnähte (DHV- und HV-Nähte)

$$b = 1{,}0$$

Dickenbeiwert für $d \le 10\,\text{mm}$ nach TB 6-14

$$\sigma^*_{w\,zul} = 80\,\text{Nmm}^{-2}$$

zulässige Spannung für S235JR nach TB 6-13a), Linie E5 und $\kappa = 0$ (schwellende Belastung), siehe auch Bemerkung 8 zu E1 Bild 8, TB 6-12

3.4.8 Festigkeitsnachweis für die rechte Stütze (Pos. 1.1)

Die größte Belastung tritt an der Stütze B durch die Lagerkräfte F_{Bx} und F_{By} des Festlagers auf. Zusätzlich muss diese Stütze die Belastungen durch die Führungstraversen aufnehmen. Nach den vorgestellten Kapiteln gilt:

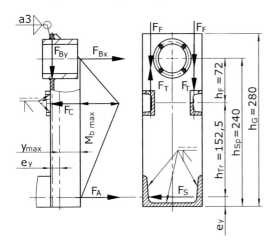

$$F_{Bx} = 2500\,\text{N}$$

$$F_{By} = 38{,}2\,\text{N}$$

$$F_A = 1180\,\text{N}$$

$$F_C = 3680\,\text{kN}$$

$$F_F = 138\,\text{N}$$

$$F_{Tr} = 19\,\text{N}$$

$$T_{Sp} = 15{,}0\,\text{Nm}$$

Bild 3-23 Rechte Stütze mit Anbindungen

Festigkeitsnachweis für den Biegedruckrand der rechten Stütze (Pos. 1.1)

$$\sigma_{bdy} = \frac{M_{max}}{I_y} \cdot y_{max}$$

Biegespannung im Biegedruckrand der Stütze bezogen auf die Y-Achse

$$= \frac{179\,500\,\text{Nmm}}{29{,}3 \cdot 10^4\,\text{mm}^4} \cdot 34{,}5\,\text{mm} \approx 21{,}1\,\text{Nmm}^{-2}$$

$$M_{max} = F_{Bx} \cdot h_F - F_{By} \cdot \left(e_y - \frac{s}{2}\right)$$

max. Biegemoment über die Y-Achse in der rechten Stütze

$$= 2500\,\text{N} \cdot 72\,\text{mm} - 38{,}2\,\text{N} \cdot \left(15{,}5 - \frac{6}{2}\right)\text{mm} \approx 179{,}5\,\text{Nm}$$

$I_y = 29,3\,\text{cm}^4 = 293 \cdot 10^3\,\text{mm}^4$

axiales Trägheitsmoment der U100-Stütze nach TB 1-10

$y_{\max} = b - e_y = 50\,\text{mm} - 15,5\,\text{mm} = 34,5\,\text{mm}$

Abstand der U100-Schwerelinie vom Druckbiegerand

$b = 50\,\text{mm}$ Flanschhöhe des U100-Profils

$e_y = 1,55\,\text{cm}$ Abstand der U100-Schwerelinie von der Stegseite

$s = 6\,\text{mm}$ Dicke des U100-Steges

$A = 13,5\,\text{cm}^2$ Querschnittsfläche

nach TB 1-10

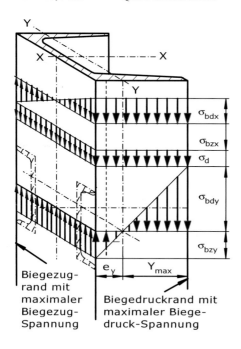

Biegezugrand mit maximaler Biegezug-Spannung

Biegedruckrand mit maximaler Biege-druck-Spannung

Bild 3-24
Spannungsverlauf im Flansch der Stütze

$$\sigma_{bdx} = \frac{M_S}{I_x} \cdot x_{\max}$$

Biegespannung im Biegedruckrand der Stütze bezogen auf die X-Achse

$$= \frac{5,1\,\text{Nm}}{206 \cdot 10^4\,\text{mm}^4} \cdot 50\,\text{mm}^2 \approx 0,12\,\text{Nmm}^{-2}$$

$$M_S = M_{\max} = \frac{F_S}{2} \cdot h_{Tr}$$

Biegemoment Mitte Führungstraversen über die X-Achse in einer der beiden Stützen

$$= \frac{66,9\,\text{N}}{2} \cdot 152,5\,\text{mm} \approx 5,1\,\text{Nm}$$

$$F_s = \frac{T_{Sp}}{(h_{Sp} - e_y)}$$

Querkraft, mit der die Verschraubung an der Befestigungstraverse belastet wird, um eine Rotationsbewegung durch das Spindeldrehmoment zu verhindern

$$= \frac{15,0 \cdot 10^3 \, Nmm}{(240 - 15,5) \, mm} \approx 66,9 \, N$$

$h_{T\,r}, T_{Sp}, h_{Sp}, e_y$ — vgl. Angaben zuvor

$I_x = 206 \, cm^4 = 206 \cdot 10^4 \, mm^4$ — axiales Trägheitsmoment der U100-Stütze nach TB 1-10

$$x_{max} = \frac{h}{2} = \frac{100 \, mm}{2} = 50 \, mm$$

max. Randfaserabstand der U100-Schwerelinie X

$h = 100 \, mm$ — Höhe des U100-Profils nach TB 1-10

$$\sigma_d = \frac{2 \cdot F_F}{A}$$

Druckspannung in der Stütze durch die Führungstraversen

$$= \frac{2 \cdot 138 \, N}{13,5 \cdot 10^2 \, mm^2} = 0,2 \, Nmm^{-2}$$

$$\sigma_{max} = \sigma_{bdy} + \sigma_d + \sigma_{bdx} \leq \sigma_{zul}$$

max. σ-Spannung im Biegedruckrand der Stütze, vgl. Bild 3-24

$$= 21,1 \, Nmm^{-2} + 0,2 \, Nmm^{-2} + 0,12 \, Nmm^2 \approx 21,4 \, Nmm^{-2} < \sigma_{zul} \, (= 150 \, Nmm^{-2})$$

$$\sigma_{zul} = b \cdot \sigma_{zul}^*$$

$$= 1,0 \cdot 150 \, Nmm^{-2} = 150 \, Nmm^{-2}$$

$b = 1,0$ — Dickenbeiwert für $d \leq 10 \, mm$ nach TB 6-14

$\sigma_{zul}^* = 150 \, Nmm^{-2}$ — zul. Schwellfestigkeit für nicht geschweißte Bauteile für S235JR nach Linie A, TB 6-13a)

Festigkeitsnachweis für den Biegezugrand der rechten Stütze (Pos. 1.1)

$$\sigma_{bzy} = \frac{M_{max}}{I_y} \cdot e_y$$

Biegespannung im Biegezugrand der Stütze

$$= \frac{179500 \, Nmm}{29,3 \cdot 10^4 \, mm^4} \cdot 15,5 \, mm \approx 9,5 \, Nmm^{-2}$$

$$\sigma_{max} = \sigma_{bzy} - \sigma_d + \sigma_{bzx} \leq \sigma_{w\,zul}$$

max. σ-Spannung im Biegezugrand der Stütze, vgl. Bild 3-24

$$= 9,5 \, Nmm^{-2} - 0,2 \, Nmm^{-2} + 0,12 \, Nmm^{-2} \approx 9,4 \, Nmm^{-2} < \sigma_{w\,zul} \, (= 80 \, Nmm^{-2})$$

$$\sigma_{\text{w zul}} = b \cdot \sigma_{\text{w zul}}^{*}$$

$$= 1,0 \cdot 80\,\text{Nmm}^{-2} = 80\,\text{Nmm}^{-2}$$

zulässige Schwellfestigkeit für geschweißte Bauteile mit einer nicht bearbeiteten Stumpfnaht nach Linie E5, TB 6-13a)

$$\sigma_{\text{w zul}}^{*} = 80\,\text{Nmm}^{-2}$$

zul. Schwellfestigkeit für geschweißte Bauteile mit einer nicht bearbeiteten Stumpfnaht und $t \le 10$ mm nach Linie E5, TB 6-13a)

$M_{\text{max}}, I_{\text{y}}, e_{\text{y}}, \sigma_{\text{d}}, \sigma_{\text{bzx}} = \sigma_{\text{bdx}}$ und b nach Festigkeitsnachweis für den Biegedruckrand der rechten Stütze.

Die niedrigen Spannungen in den Teilen des Gestells sind vernachlässigbar klein und würden eine geringere Dimensionierung der Bauteile zulassen. Die Größen werden aber hier von den notwendigen Abmessungen der Lager, der Führung und anderer Elemente sowie der kostengünstigen Verwendung der Walzprofile bestimmt.

3.4.9 Festigkeitsnachweis für die Schweißnaht zwischen Befestigungstraverse (Pos. 1.2) und rechter Stütze (Pos. 1.1)

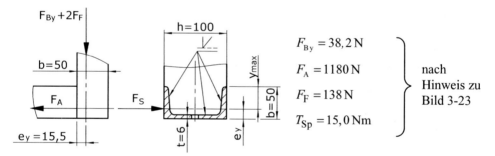

Bild 3-25 Schweißanschluss Befestigungstraverse mit Stütze

$$F_{\text{s}} = \frac{T_{\text{Sp}}}{(h_{\text{Sp}} - e_{\text{y}})}$$

$$= \frac{15,0 \cdot 10^{3}\,\text{Nmm}}{(240 - 15,5)\,\text{mm}} = 66,9\,\text{N}$$

Querkraft, mit der die Verschraubung an der Befestigungstraverse belastet wird, um eine Rotationsbewegung durch das Spindeldrehmoment zu verhindern.

$T_{\text{Sp}} = 15,0\,\text{Nmm}$

vgl. Abschnitte zuvor

$h_{\text{Sp}} = 240\,\text{mm}$

Spindelhöhe, siehe Bild 3-23

$e_{\text{y}} = 15,5\,\text{mm}$

Schwerelinie Y-Achse, siehe Bild 3-25

$$\sigma_{\perp b} = \frac{M}{W_w}$$

Biegespannung nach Gl. (6.19) mit $W_w = I_w / y$

$$= \frac{4870,1\,\text{Nmm}}{8,49 \cdot 10^3\,\text{mm}^3} = 0,6\,\text{Nmm}^{-2}$$

$$M = (F_{By} + 2 \cdot F_F) \cdot e_y$$

$$= (38,2 + 2 \cdot 138)\,\text{N} \cdot 15,5\,\text{mm} = 4870,1\,\text{Nmm}$$

$$W_w = W_y = 8,49\,\text{cm}^3$$

Widerstandsmoment des U100-Profils nach TB 1-10

$$\sigma_{\perp z} = \frac{F_A}{A_w}$$

Zugspannung nach Gl. (6.18)

$$= \frac{1180\,\text{N}}{13,5 \cdot 10^2\,\text{mm}^2} = 0,9\,\text{Nmm}^{-2}$$

$$A_w = 13,5\,\text{cm}^2$$

Querschnittsfläche des U100-Profils nach TB 1-10

$$\tau_{\parallel} \quad = \frac{F_{res}}{A_w}$$

Schubspannung nach Gl. (6.18), vgl. auch Hinweis zur Schweißfläche bei Schub in Kap. 3.4.7

$$= \frac{321\,\text{N}}{13,5 \cdot 10^2\,\text{mm}^2} = 0,2\,\text{Nmm}^{-2}$$

$$F_{res} = \sqrt{(F_{By} + 2 \cdot F_F)^2 + F_s^2}$$

maximale Schweißnahtspannung, hier Verzicht auf Schubrechnung in beide Achsen („sichere Seite")

$$= \sqrt{(38,2 + 2 \cdot 138)^2\,\text{N}^2 + 66,9^2\,\text{N}^2} \approx 324\,\text{N}$$

$$\sigma_{\perp} = \sigma_{\perp b} + \sigma_{\perp z}$$

$$= 0,6\,\text{Nmm}^{-2} + 0,9\,\text{Nmm}^{-2} = 1,5\,\text{Nmm}^{-2}$$

$$\sigma_{wv} = 0,5 \cdot \left(\sigma_{\perp} + \sqrt{\sigma_{\perp}^2 + 4 \cdot \tau_{\parallel}^2}\right) \leq \sigma_{w\,zul}$$

Vergleichsspannung nach Gl. (6.27)

$$= 0,5 \cdot \left[1,5\,\text{Nmm}^{-2} + \sqrt{\left(1,5\,\text{Nmm}^{-2}\right)^2 + 4 \cdot \left(0,2\,\text{Nmm}^{-2}\right)^2}\right]$$

$$= 1,5\,\text{Nmm}^{-2} < \sigma_{w\,zul}\ (= 60\,\text{Nmm}^{-2})$$

$$\sigma_{w\,zul} = b \cdot \sigma_{w\,zul}^*$$

$$= 1{,}0 \cdot 60\,\text{Nmm}^{-2} = 60\,\text{Nmm}^{-2}$$

zul. Schwellspannung für nicht bearbeitete DHV-Nähte

$$\sigma_{w\,zul}^* = 60\,\text{Nmm}^{-2}$$

zul. Spannung für nicht bearbeitete DHV-Nähte an Bauteilen mit einer Dicke $t \le 10\,\text{mm}$ ($b = 1{,}0$) auf Biegung und Schub beansprucht nach Linie E5, $\kappa = 0$ (schwellend), TB 6-13a)

3.4.10 Spannungsnachweis für die Schweißnaht des Gewindespindel-Lagergehäuses (Pos. 1.5) an der rechten Stütze (Pos. 1.1)

Bestimmung der Kehlnahtstärke

$$2\,\text{mm} \le a \le 0{,}7 \cdot t_{min}$$

$$a \le 0{,}7 \cdot 6\,\text{mm} = 4{,}2\,\text{mm}$$

$$a \ge \sqrt{t_{max}} - 0{,}5\,\text{mm}$$

$$= \sqrt{8{,}25\,\text{mm}} - 0{,}5\,\text{mm} = 2{,}4\,\text{mm}$$

Maximalbedingung nach Gl. (6.16a)

Minimalbedingung nach Gl. (6.16b)

gewählte Nahtstärke: $a = 3\,\text{mm}$

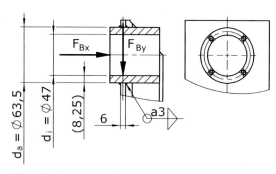

$$\left.\begin{array}{l} F_{Bx} = 2500\,\text{N} \\[6pt] F_{By} = 38{,}2\,\text{N} \end{array}\right\} \quad \begin{array}{l}\text{vgl. Kap.}\\ \text{3.4.9}\end{array}$$

Bild 3-26 Festlagergehäuse

Wegen des zu erwartenden geringen Druckanteils ($F_{B\,y} = 38{,}2$ N) an der Vergleichsspannung wird für den Spannungsnachweis nur die Schubspannung berechnet. Durch die Gegenüberstellung mit $\sigma_{w\,zul}$ nach Linie F für die Vergleichsspannung liegt die Betrachtung insgesamt auf der ‚sicheren Seite'.

$$\tau_\perp = \frac{F_{Bx}}{A_w} \le \tau_{w\,zul} \qquad \text{Schubspannung nach Gl. (6.18)}$$

$$= \frac{2500\,\text{N}}{1197\,\text{mm}^{-2}} = 2{,}1\,\text{Nmm}^{-2} < \tau_{w\,zul}\,(= 60\,\text{Nmm}^{-2})$$

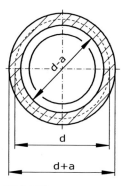

Bild 3-27
Kehlnaht Festlagergehäuse

$$A_w = 2 \cdot \left[(d+a)^2 - (d-a)^2\right] \frac{\pi}{4}$$ projizierte Nahtfläche, vgl. Bild 3-27

$$= 2 \cdot \left[(63,5\,\text{mm} + 3\,\text{mm})^2 - (63,5\,\text{mm} - 3\,\text{mm})^2\right] \cdot \frac{\pi}{4} \approx 1197\,\text{mm}^2$$

$$\tau_{w\,zul} = \sigma_{w\,zul} = b \cdot \sigma^*_{w\,zul}$$ zul. Schwell-Spannung für nicht bearbeitete DHV-Nähte

$$= 1,0 \cdot 60\,\text{Nmm}^{-2} = 60\,\text{Nmm}^{-2}$$

$b = 1,0$ Dickenbeiwert für geschweißte Bauteile und $t \leq 10$ mm nach TB 6-14

$\sigma^*_{w\,zul} = 60\,\text{Nmm}^{-2}$ Schweißnahtspannung im Maschinenbau für nicht bearbeitete Kehlnähte an Bauteilen aus S235JR nach TB 6-13, Linie F, siehe auch Bemerkung zu Zeile 3, TB 6-12

3.4.11 Kräfte an der Schraubverbindung (an Pos. 1.2)

Die Auslegung der Verbindung erfolgt nach der Beschreibung im R/M: Kap. 8.3.9. Von den Schrauben muss in Längsrichtung eine maximale Betriebskraft $F_B = F_{max}$ aufgebracht werden. Diese Kraft muss ein Kippen der Konsole um den Punkt X unter dem Einfluss der Seilkraft F_S und einer senkrechten Handkraft F_H und um den Punkt Y unter dem Einfluss einer waagerechten Handkraft F_H verhindern (vgl. Bild 3-28).

Neben der Dehnung der Schraube durch die Betriebskraft F_B muss von der Schraubverbindung noch eine Klemmkraft F_{Kl} aufgebracht werden. Sie muss zwischen den verschraubten Teilen eine Reibkraft F_R erzeugen, die ein Verschieben der Vorrichtung durch die Seilkraft F_S und eine waagerecht angreifende Handkraft F_H verhindert.

Bestimmung der Betriebskraft bzw. der maximalen Schraubenbelastung
(nach R/M: Kap. 8.4.5: Konsolanschlüsse)

Die maximale Betriebskraft F_B ist die Kraft, die von der maximal belasteten Schraube aufgebracht werden muss.

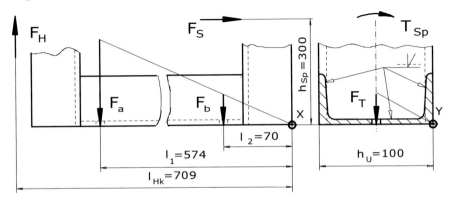

Bild 3-28 Belastung der Befestigungstraverse

$F_H = 150\,\text{N}$ Handkraft an der Antriebskurbel

$F_S = 2\,\text{kN}$ Seilkraft

$T_{Sp} = 15,0\,\text{Nm}$ max. Gewindespindeldrehmoment, vgl. Kap. 3.4.1

$K_A = 1,25$ Anwendungsfaktor, vgl. Kap. 3.4.1

$$F_{max} = F_a = \frac{M_{bx}}{z_x} \cdot \frac{l_1}{l_1^2 + l_2^2}$$

größte Zugkraft in der Schraube a durch das Moment M_X nach Gl. (8.48)

$$= \frac{882,9\,\text{kNmm}}{1} \cdot \frac{574\,\text{mm}}{574^2\,\text{mm}^2 + 70^2\,\text{mm}^2} \approx 1,52\,\text{kN}$$

$$M_{bx} = K_A \cdot (F_S \cdot h_{Sp} + F_H \cdot l_{Hk})$$

Kippmoment um den Punkt X hervorgerufen, durch die Seilkraft F_S und die Handkraft F_H

$$= 1,25 \cdot (2\,000\,\text{N} \cdot 300\,\text{mm} + 150\,\text{N} \cdot 709\,\text{mm}) = 882,9\,\text{kNm}$$

$$F_b = F_a \cdot \frac{l_2}{l_1}$$

Zugkraft an der Befestigungsschraube B durch das Moment M_X, vgl. Bild R/M: Bild 8-27 und Hinweis unten

$$= 1,52\,\text{kN} \cdot \frac{70\,\text{mm}}{574\,\text{mm}} \approx 0,19\,\text{kN}$$

$$F_T = \frac{T_{Sp}}{z_y \cdot \dfrac{h_U}{2}}$$

Belastung der zwei Befestigungsschrauben a und b, hervorgerufen durch das Drehmoment T_{Sp} an der Gewindespindel

$$= \frac{15\,000\,\text{Nmm}}{2 \cdot \dfrac{100\,\text{mm}}{2}} = 150\,\text{N}$$

$$F_{aT} = F_a + F_T = 1,52\,\text{kN} + 0,15\,\text{kN} = 1,67\,\text{kN}$$

$$F_{bT} = F_b + F_T = 0,19\,\text{kN} + 0,15\,\text{kN} = 0,34\,\text{kN}$$

} maximale Zugbelastung der Schrauben a und b

l_1 und l_2 Abstände der Befestigungsschrauben vom Kipppunkt X, siehe Bild 3-28

h_{Sp}, l_{Hk}, h_U Kipparme, vgl. Bild 3-28

$z_x = 1$ Anzahl der von der größten Zugkraft beanspruchten Schrauben in X

$z_y = 2$ Anzahl der von der größten Zugkraft beanspruchten Schrauben in Y

Als größte Betriebskraft ergibt sich $F_B = F_{aT} = 1,67$ kN.

Hinweis: In Abgrenzung zu R/M: Bild 8-27 kann hier von einer hohen Biegesteifigkeit ausgegangen werden. Daher wird auf ein Verschieben des Kipppunktes ‚D' verzichtet.

Bestimmung der Klemmkraft

Die Klemmkraft F_{Kl} muss zwischen den verschraubten Teilen eine Reibkraft $F_R = F_{Kl} \cdot \mu$ erzeugen. Diese Reibkraft F_R muss groß genug sein, damit sie die in X-Richtung wirkende Seilkraft F_S und die in Y-Richtung wirkende waagerechte Handkraft F_H aufnehmen kann. Dies ist notwendig, da sonst eine für die Schraubverbindung ungünstige Schubbeanspruchung entsteht. Zusätzlich muss sie ein seitliches Wegschieben des Gestells durch das Drehmoment M_S der Handkraft F_H verhindern.

Grundlage der nachfolgenden Ausführungen ist R/M: Kap. 8.4.4: Moment(schub)belastete Anschlüsse.

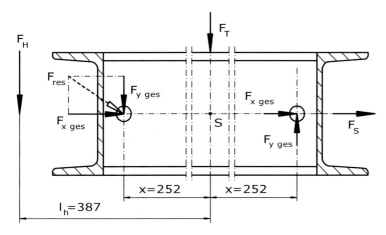

Bild 3-29
Querkräfte an der
Befestigungstraverse

Auf die Schraubverbindung wirkenden äußeren Querkräfte (nach Abschnitt: Bestimmung der Betriebskraft):

$F_S = 2000\,\text{N}$ \qquad Seilkraft lt. Aufgabe

$F_H = 150\,\text{N}$ \qquad Handkraft an der Kurbel lt. Aufgabe

$F_T = 150\,\text{N}$ \qquad Querkraft an der Befestigungstraverse, resultierend aus dem Kurbeldrehmoment, vgl. Kap. 3.4.7

$$F_{x\,ges} = \frac{M_S \cdot y_{max}}{\Sigma(x^2 + y^2)} + \frac{F_x}{n} \qquad \text{nach Gl. (8.47a)}$$

$$= \frac{72{,}6\,\text{kNmm} \cdot 0\,\text{mm}}{2\,(252^2 + 0)\,\text{mm}^2} + \frac{2{,}5\,\text{kN}}{2} = 0\,\text{kN} + 1{,}25\,\text{kN} = 1{,}25\,\text{kN}$$

$$M_S = K_A \cdot F_H \cdot l_h$$
$$= 1{,}25 \cdot 150\,\text{N} \cdot 387\,\text{mm} = 72563\,\text{Nmm} \approx 72{,}6\,\text{kNm}$$

$$F_x = K_A \cdot F_S$$
$$= 1{,}25 \cdot 2000\,\text{N} = 2500\,\text{N}$$

$K_A = 1,25$ Anwendungsfaktor lt. Aufgabenstellung

$l_h = 387\,\text{mm}$ Hebelarm der Handkraft, vgl. Bild 3-29

$n = 2$ Anzahl der Schrauben im Anschluss

$\left.\begin{array}{l} x = x_{max} = 252\,\text{mm} \\[2mm] y = y_{max} = 0 \end{array}\right\}$ jeweilige Koordinatenabstände vom Schwerpunkt, vgl. Bild 3-29

$F_{y\,ges} = \dfrac{M_S \cdot x_{max}}{\Sigma(x^2 + y^2)} + \dfrac{F_y}{n}$ nach Gl. (8.47b)

$= \dfrac{72,6\,\text{kNmm} \cdot 252\,\text{mm}}{2 \cdot (252^2 + 0)\,\text{mm}^2} + \dfrac{0,338\,\text{kN}}{2} = 0,144\,\text{kN} + 0,169\,\text{kN} = 0,313\,\text{kN}$

$F_y = K_A \cdot F_H + F_T$

$\quad = 1,25 \cdot 150\,\text{N} + 150\,\text{N} = 337,5\,\text{N} = 0,338\,\text{kN}$

$F_{Kl} = \dfrac{F_{Q\,ges}}{z \cdot \mu}$ Klemmkraft nach Gl. (8.18)

$= \dfrac{1,3\,\text{kN}}{1 \cdot 0,5} = 2,6\,\text{kN}$

$F_{Q\,ges} = F_{res} = \sqrt{F_{x\,ges}^2 + F_{y\,ges}^2}$ größte die Schraube ‚a' belastende Querkraft, vgl. Bild 3-29

$= \sqrt{\left(1,25\,\text{kN}^{-2}\right)^2 + \left(0,313\,\text{kN}^{-2}\right)^2} \approx 1,3\,\text{kN}$

$z = 1$ Anzahl der die maximale Querkraft aufnehmenden Schrauben. Hier ist die maximale Querkraft F_{res} auf eine Schraube (hier: a, vgl. Bild 3-28) bezogen.

$\mu = 0,5$ Reibzahl der Bauteile in der Trennfuge nach TB 1-14, hier als Erfahrungswert nach Stahlbauvorschrift entsprechend Legende zu Gl. (8.41) festgelegt

3.4.12 Nachweis der Schraubverbindung (an Pos. 1.2)

(Die weiteren Ausführungen orientieren sich am Ablaufplan nach R/M: Kap. 8.3.9-2: Vorgespannte Schrauben, Rechnungsgang.)

Grobe Vorwahl des Schraubendurchmessers mit Festigkeitsklasse

Die Vorauswahl kann mit TB 8-13 für eine axial wirkende Betriebskraft F_B oder eine radial wirkende Betriebskraft (Querkraft) F_Q erfolgen. Diese Kräfte erzeugen einen Reibschluss, der ein Verschieben der Teile verhindert. Die Vorauswahl über die Betriebskraft $F_B = 1,67$ kN führt zu einem kleineren Nenndurchmesser, der im Festigkeitsnachweis versagt.

Entgegen TB 8-13 wird ein höherer Nenndurchmesser gewählt, da neben der Querkraft eine axiale Betriebskraft vorliegt. Es wird gewählt: Sechskantschraube ISO 4017- M10x30-8.8. Zur Festlegung der Länge vgl. Bild 3-30.

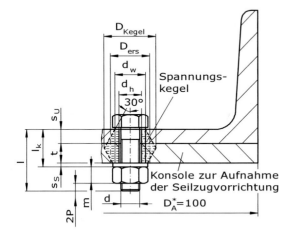

Verbindungsmaße (vgl. TB 8-8):

$s_u = 6$ mm   Dicke U-Profil

$t = 10$ mm   Anschlussplatte

$s_s = 2,0$ mm   Scheibendicke für M10

$m = 8,4$ mm   Mutterhöhe

$P = 1,5$ mm   Steigung für M10 (TB 8-1)

Bild 3-30 Sechskantschraube an der Befestigungstraverse

$$l \geq s_u + t + s_s + m + 2 \cdot P$$ Schraubenlänge gemäß Abbildung zu TB 8-8

$$\geq 6\,\text{mm} + 10\,\text{mm} + 2,0\,\text{mm} + 8,4\,\text{mm} + 2 \cdot 1,5\,\text{mm} = 29,4\,\text{mm}$$

gewählt: $l = 30$ mm   kleinstes Maß als Vorzugslänge nach TB 8-8

Überschlägige Berechnung der Flächenpressung

$$p \approx \frac{F_{Sp}/0,9}{A_p} \leq p_G$$ überschlägige Flächenpressung nach Gl. (8.36)

$$= \frac{29,6 \cdot 10^3\,\text{N}/0,9}{106,0\,\text{mm}^2} = 310,3\,\text{Nmm}^{-2} < p_G \, (= 490\,\text{Nmm}^{-2})$$

$$F_{Sp} = 29,6\,\text{kN}$$ Spannkraft für M10 mit Festigkeitsklasse 8.8 und $\mu = 0,12$ als Normalfall, vgl. Text zu Gl. (8.28) nach TB 8-14

$$A_p \approx \frac{\pi\left(d_w^2 - d_h^2\right)}{4}$$ Fläche der Schraubenkopfauflage nach Legende zu Gl. (8.36) für Durchgangsbohrung Reihe ‚mittel' nach TB 8-8

$$= \frac{\pi\left((16\,\text{mm})^2 - (11,0\,\text{mm})^2\right)}{4} = 106,0\,\text{mm}^2$$

$d_\text{w} = SW = 16\,\text{mm}$ Schlüsselweite als Kopfauflage nach TB 8-8

$d_\text{h} = 11,0\,\text{mm}$ Durchgangsbohrung (mittel) für M10-Schrauben nach TB 8-8

$p_\text{G} = 490\,\text{Nmm}^{-2}$ Grenzflächenpressung für S235JR nach TB 8-10b)

Ermittlung der erforderlichen Montage-Vorspannkraft

$F_\text{VM} = k_\text{A}\left[F_\text{Kl} + F_\text{B}\cdot(1-\Phi) + F_\text{Z}\right]$ Montagevorspannkraft nach Gl. (8.29)

$\quad = 4\cdot\left[2,6\,\text{kN} + 1,67\,\text{kN}\cdot(1-0,05) + 3,79\,\text{kN}\right] \approx 31,9\,\text{kN} > F_\text{Sp} = 29,6\,\text{kN}$

$F_\text{Sp} = 29,6\,\text{kN}$ für Schaftschrauben M10 x 8.8 aus TB 8-14
bei $\mu_\text{ges} = 0,12$
(Normalfall, vgl. Text zu Gl. (8.28))

$F_\text{Kl} = 2,6\,\text{kN}$ Klemmkraft

$F_\text{B} = 1,67\,\text{kN}$ Betriebskraft   Werte vgl. vorherige und nachfolgende

$F_\text{Z} = 3,79\,\text{kN}$ Vorspannkraftverlust   Abschnitte bzw. Kapitel

$\Phi = 0,05$ Kraftverhältnis

$k_\text{A} = 4$ Anziehfaktor für Anziehen von Hand nach TB 8-11

Für die Ermittlung der erforderlichen Montage-Vorspannkraft müssen zunächst die Krafteinleitung Φ, die Nachgiebigkeiten der Teile δ_T und der Schraube δ_S sowie der Vorspannkraftverlust F_Z ermittelt werden.

Einfluss der Krafteinleitung in die Verbindung

$\Phi = n\cdot\Phi_k$ Kraftverhältnis nach Gl. (8.17)

$\quad = 0,5\cdot 0,10 = 0,05$

$n = 0,5$ Krafteinleitungsfaktor, nach R/M der Normalfall

$\Phi_k = \dfrac{\delta_\text{T}}{\delta_\text{S} + \delta_\text{T}}$ vereinfachtes Kraftverhältnis für Krafteinleitung durch den Schraubenkopf nach Legende zu Gl. (8.17)

$\quad = \dfrac{0,29\cdot 10^{-3}\,\text{mmkN}^{-1}}{(2,58+0,29)\cdot 10^{-3}\,\text{mmkN}^{-1}} = 0,10$

Nachgiebigkeit der Teile

$$\delta_{\mathrm{T}} = \frac{f_{\mathrm{T}}}{F_{\mathrm{V}}} = \frac{l_{\mathrm{k}}}{A_{\mathrm{ers}} \cdot E_{\mathrm{T}}}$$ Nachgiebigkeit der Teile nach Gl. (8.10)

$$= \frac{18,0\,\mathrm{mm}}{293,1\,\mathrm{mm}^2 \cdot 210\,\mathrm{kNmm}^{-2}} = 0,29 \cdot 10^{-3}\,\mathrm{mmkN}^{-1}$$

$$A_{\mathrm{ers}} = \frac{\pi}{4}(d_{\mathrm{w}}^2 - d_{\mathrm{h}}^2) + \frac{\pi}{8}d_{\mathrm{w}}(D_{\mathrm{A}} - d_{\mathrm{w}})\left[(x+1)^2 - 1\right]$$ Ersatzquerschnitt des Hohl-
zylinders nach Gl. (8.9)

$$= \frac{\pi}{4}(16^2\,\mathrm{mm}^2 - 11,0^2\,\mathrm{mm}^2) + \frac{\pi}{8}16\,\mathrm{mm}(34,0\,\mathrm{mm} - 16\,\mathrm{mm})\left[(0,629+1)^2 - 1\right]$$

$$= 293,1\,\mathrm{mm}^2$$

$d_{\mathrm{w}} = SW = 16\,\mathrm{mm}$ Schlüsselweite als Kopfauflage nach TB 8-8

$d_{\mathrm{h}} = 11,0\,\mathrm{mm}$ Durchgangsbohrung für M10-Schrauben
nach TB 8-8, Reihe mittel

Bei $D^*_{\mathrm{A}} > d_{\mathrm{w}} + l_{\mathrm{k}}$ wird für die Berechnung von δ_{T} der gleiche Ersatzquerschnitt zugrunde gelegt wie für die Grenzbedingung $D_{\mathrm{A}} = d_{\mathrm{w}} + l_{\mathrm{k}}$, vgl. Hinweis zu Gl. (8.9).

$$D_{\mathrm{A}} = d_{\mathrm{w}} + l_{\mathrm{k}}$$ einzusetzender Außendurchmesser der
$$= 16\,\mathrm{mm} + 18,0\,\mathrm{mm} = 34,0\,\mathrm{mm}$$ verspannten Teile, vgl. Legende zu Gl. (8.9)

$$l_{\mathrm{k}} = t + s_{\mathrm{U}} + s_{\mathrm{S}}$$ Klemmlänge der verspannten Teile
$$= 6\,\mathrm{mm} + 10\,\mathrm{mm} + 2\,\mathrm{mm} = 18\,\mathrm{mm}$$

$$D_{\mathrm{A}}^* = 100\,\mathrm{mm}$$ Außendurchmesser der verschraubten Teile
(2-mal kleinster Randabstand der Schraube),
hier Profilbreite U100, vgl. Bild 3-30

$$x = \sqrt[3]{\frac{l_{\mathrm{k}} \cdot d_{\mathrm{w}}}{D_{\mathrm{A}}^2}}$$ Berechnungsbeiwert zu Gl. (8.9)

$$= \sqrt[3]{\frac{18,0\,\mathrm{mm} \cdot 16\,\mathrm{mm}}{34,0^2\,\mathrm{mm}^2}} \approx 0,629$$

$$E_{\mathrm{T}} = 210\,\mathrm{kNmm}^{-2}$$ Elastizitätsmodul der Teile

Nachgiebigkeit der Schraube

$$\delta_{\mathrm{S}} = \frac{1}{E_{\mathrm{S}}} \cdot \left(\frac{0,4 \cdot d}{A_{\mathrm{N}}} + \frac{l_1}{A_3} + \frac{0,5 \cdot d}{A_3} + \frac{0,4 \cdot d}{A_{\mathrm{N}}} \right)$$

Nachgiebigkeit der Schraube nach Gl. (8.8) auf die Verhältnisse nach Bild 3-30 angewendet

$$= \frac{1}{210 \,\mathrm{kNmm}^{-2}} \cdot \left(\frac{0,4 \cdot 10\,\mathrm{mm}}{78,54\,\mathrm{mm}^2} + \frac{18,0\,\mathrm{mm}}{52,30\,\mathrm{mm}^2} + \frac{0,5 \cdot 10\,\mathrm{mm}}{52,30\,\mathrm{mm}^2} + \frac{0,4 \cdot 10\,\mathrm{mm}}{78,54\,\mathrm{mm}^2} \right)$$

$$= 2,58 \cdot 10^{-3} \,\mathrm{mmkN}^{-1}$$

$E_{\mathrm{S}} = 210 \,\mathrm{kNmm}^{-2}$ Elastizitätsmodul des Schraubenwerkstoffs

$A_{\mathrm{N}} = \dfrac{\pi}{4} \cdot d^2$ Nennquerschnitt des Schraubenschaftes

$$= \frac{\pi}{4} \cdot 10^2 \,\mathrm{mm}^2 = 78,54 \,\mathrm{mm}^2$$

$d = 10 \,\mathrm{mm}$ Schaftdurchmesser der Sechskantschraube M10

$A_3 = 52,30 \,\mathrm{mm}^2$ Kernquerschnitt des Gewindes M10 nach TB 8-1

$l_1 = l_k = 18,0 \,\mathrm{mm}$ freie Gewindelänge in der Verbindung (= Klemmlänge, vgl. Bild 3-30)

Vorspannkraftverlust

$$F_{\mathrm{Z}} = \frac{f_{\mathrm{Z}}}{\delta_{\mathrm{T}}} \cdot \Phi_{\mathrm{k}}$$

Vorspannkraftverlust nach Gl. (8.19)

$$= \frac{0,011\,\mathrm{mm}}{0,29 \cdot 10^{-3} \,\mathrm{mmkN}^{-1}} \cdot 0,10 = 3,79 \,\mathrm{kN}$$

$f_{\mathrm{Z}} = 0,011 \,\mathrm{mm}$ Mittelwert, vgl. Legende zu Gl. (8.19)

Die Montage-Spannkraft übersteigt die zulässige Spannkraft der Schraube. Alternativ kann auf ein anderes Anziehverfahren ausgewichen werden, wodurch sich die Montage-Vorspannkraft verringert. Aus betriebspraktischen Gründen wird aber die Festigkeitsklasse auf 10.9 korrigiert. Hierdurch ergibt sich eine zulässige Spannkraft von 43,4 kN.

Bestimmung des erforderlichen Anziehmomentes

$$M_{\mathrm{A}} \approx 0,17 \cdot F_{\mathrm{VM}} \cdot d$$

Anziehdrehmoment nach Gl. (8.28), vgl. auch Hinweise zu Gl. (8.27)

$$\approx 0,17 \cdot 31,9 \,\mathrm{kN} \cdot 10\,\mathrm{mm} \approx 54,23 \,\mathrm{Nm}$$

Alternativ kann für die maximale Spannkraft F_{Sp} der Schraube das Anziehdrehmoment nach TB 8-14 mit $M_A = 70{,}2$ Nm angegeben werden. Da eine Überprüfung des Wertes wegen des Anziehverfahrens ‚von Hand' nicht möglich ist, kann die Angabe für diesen Anwendungsfall grundsätzlich entfallen.

Nachprüfung der Schraube

Wegen des vorherrschenden statischen Verhaltens der Schraube innerhalb der Konstruktion (vgl. Bild 3-15) wird der Nachweis auf die statische Sicherheit beschränkt. Aus Übungsgründen wird im Weiteren der genaue ausführliche Weg dargestellt. Hierfür werden zunächst die Montagezugspannung und die Spannkraft bei 90%iger Ausnutzung der Mindestdehngrenze ermittelt. Alternativ ist die Berechnung der Zusatzkraft F_{BS} nach Gl. (8.34a) hinreichend.

Ermittlung der Montagezugspannung und der Spannkraft bei 90%iger Nutzung

$$\sigma_{\mathrm{M}} = \frac{0{,}9 \cdot R_{\mathrm{p}0,2}}{\sqrt{1+3 \cdot \left[\dfrac{3}{d_0} \cdot (0{,}159 \cdot P + 0{,}577 \cdot \mu_{\mathrm{G}} \cdot d_2)\right]^2}} \qquad \text{Montagezugspannung nach Gl. (8.32)}$$

$$= \frac{0{,}9 \cdot 900\,\mathrm{Nmm}^{-2}}{\sqrt{1+3 \cdot \left[\dfrac{3}{8{,}593\,\mathrm{mm}} \cdot (0{,}159 \cdot 1{,}5\,\mathrm{mm} + 0{,}577 \cdot 0{,}12 \cdot 9{,}026\,\mathrm{mm})\right]^2}}$$

$$= 718{,}0\,\mathrm{Nmm}^{-2}$$

$$d_0 = d_S = \frac{d_2 + d_3}{2} \qquad \text{nach Legende zu Gl. (8.32) und Verweis auf Gl. (8.33)}$$

$$= \frac{9{,}026\,\mathrm{mm} + 8{,}160\,\mathrm{mm}}{2} = 8{,}593\,\mathrm{mm}$$

$d_2 = 9{,}026\,\mathrm{mm}$ Flankendurchmesser für M10 nach TB 8-1

$d_3 = 8{,}160\,\mathrm{mm}$ Kerndurchmesser für M10 nach TB 8-1

$P = 1{,}5\,\mathrm{mm}$ Steigung des Gewindes M10 nach TB 8-1

$\mu = \mu_{\mathrm{ges}} = 0{,}12$ Normalfall, vgl. Text zu Gl. (8.28)

$R_{\mathrm{p}0,2} = 900\,\mathrm{Nmm}^{-2}$ Dehngrenze für Festigkeitsklasse 10.9 nach TB 8-4

$$F_{Sp} = F_{VM90} = \sigma_M \cdot A_S$$

Spannkraft für Schrauben bei 90% Ausnutzung
der Mindestdehngrenze nach Gl. (8.33a)

$$= 718,0 \, \text{Nmm}^{-2} \cdot 58,0 \, \text{mm}^2 = 41644 \, \text{N} \approx 41,6 \, \text{kN}$$

$$A_S = 58,0 \, \text{mm}^2$$

Spannungsquerschnitt nach TB 8-1

Statische Sicherheit

$$S_F = \frac{R_{p0,2}}{\sigma_{red}} \geq S_{F \, erf}$$

statische Sicherheit nach Gl. (8.35a)

$$= \frac{900 \, \text{Nmm}^{-2}}{760,8 \, \text{Nmm}^{-2}} \approx 1,2 = S_{F \, erf} \, (= 1,2)$$

Hinweis: Der statische Querkraftanteil der Seilkraft überwiegt stark gegenüber der wechseln-
den Handkraft. In den Berechnungen zur Klemm- und Betriebskraft wurde die Handkraft
gleichzeitig jeweils als waagerechte bzw. senkrechte Komponente berücksichtigt. Dadurch
liegt die Betrachtung insgesamt auf der ‚sicheren Seite'.

$$R_{p0,2} = 900 \, \text{Nmm}^{-2}$$

Dehngrenze für Festigkeitsklasse 10.9 nach
TB 8-4

$$\sigma_{red} = \sqrt{\sigma_{z \, max}^2 + 3(k_t \cdot \tau_t)^2}$$

Vergleichsspannung nach Gl. (8.35a)

$$= \sqrt{(718,7 \, \text{Nmm}^{-2})^2 + 3(0,5 \cdot 288,3 \, \text{Nmm}^{-2})^2} = 760,8 \, \text{Nmm}^{-2}$$

$$\sigma_{z \, max} = \frac{F_{Sp} + \Phi \cdot F_B}{A_0}$$

maximale Zugspannung nach Legende zu
Gl. (8.35b)

$$= \frac{41,6 \cdot 10^3 \, \text{N} + 0,05 \cdot 1,67 \cdot 10^3 \, \text{N}}{58,0 \, \text{mm}^2} = 718,7 \, \text{Nmm}^{-2}$$

$$k_\tau = 0,5$$

Reduktionskoeffizient nach Legende zu
Gl. (8.35b)

$$\tau_t = \frac{F_{Sp} \cdot (0,159 \cdot P + 0,577 \cdot \mu_G \cdot d_2)}{\pi \cdot d_0^3} \cdot 16$$

maximale Torsionsspannung nach Legende zu
Gl. (8.35b)

$$= \frac{41,6 \cdot 10^3 \, \text{N} \cdot (0,159 \cdot 1,5 \, \text{mm} + 0,577 \cdot 0,12 \cdot 9,026 \, \text{mm})}{\pi \cdot (8,593 \, \text{mm})^3} \cdot 16 = 288,3 \, \text{Nmm}^{-2}$$

$$S_{F \, erf} = 1,2$$

nach Legende zu Gl. (8.35a) für statische Querkraft

$F_{Sp} = 41,6\,\text{kN}$ vgl. vorheriger Abschnitt

$\Phi = 0,05$ Kraftverhältnis; vgl. vorherige Abschnitte

$F_B = 1,67\,\text{kN}$ Betriebskraft, vgl. vorherige Abschnitte

Werte für $\sigma_{z\,max}$

$A_0 = A_S = 58,0\,\text{mm}^2$ Spannungsquerschnitt nach TB 8-1

$P = 1,5\,\text{mm}$ Steigung des Gewindes nach TB 8-1

$\mu_G = \mu_{ges} = 0,12$ Normalfall, vgl. Text zu Gl. (8.28)

$d_2 = 9,026\,\text{mm}$ Flankendurchmesser für M10 nach TB 8-1

$d_0 = 8,593\,\text{mm}$ vgl. Abschnitt zuvor

Werte für τ_t

Bestimmung der Flächenpressung an der Kopf- bzw. Mutterauflage

$$p = \frac{F_{Sp} + \Phi \cdot F_B}{A_p} \le p_G$$

Flächenpressung nach Gl. (8.36)

$$= \frac{41,6 \cdot 10^3\,\text{N} + 0,05 \cdot 1,67 \cdot 10^3\,\text{N}}{106,0\,\text{mm}^2} = 393,2\,\text{Nmm}^{-2} < p_G\ (= 490\,\text{Nmm}^{-2})$$

F_{Sp}, Φ, F_B, A_p entsprechend den vorhergehenden Abschnitten

$A_p = 106,0\,\text{mm}^2$ Fläche der Schraubenkopf- bzw. Mutterauflage, vgl. zuvor

3.4.13 Berechnung des Führungsstücks (Pos. 2.1)

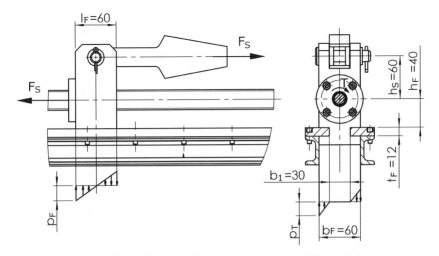

Bild 3-31 Führungsstück mit Darstellung der Flächenpressung an den Führungsleisten

Bestimmung der Flächenpressung an der Führung des Führungsstücks

(vgl. hierzu auch Steckstift-Verbindungen R/M: Kap. 9.3.2-2)

Die Führung wird durch Kippmomente belastet, die in Anlehnung an die Flächenpressung p_1 nach R/M: Bild 9-10a) und b) bzw. Text zu Gl. (9.18) berechnet werden. Hier treten zwei Kippmomente auf (vgl. Bild 3-31):

1. durch das Drehmoment $M = F_S \cdot h_S$ des Kräftepaares aus Seilkraft F_S und der entsprechenden Reaktionskraft in der Gewindespindel

2. durch das maximale Gewindespindel-Drehmoment $T_{Sp} = F_H \cdot R_H$ (vgl. auch Bild 3-12)

1.
$$p_F = \frac{K_A \cdot F_S \cdot h_S}{W_F}$$

Flächenpressung der Führungsfläche in Längsrichtung (vgl. Bild 3-31)

$$= \frac{1{,}25 \cdot 2 \cdot 10^3 \, \text{N} \cdot 60 \, \text{mm}}{18 \cdot 10^3 \, \text{mm}^3} = 8{,}3 \, \text{Nmm}^{-2}$$

$$W_F = \frac{b \cdot l_F^2}{6} = \frac{b_F - b_1}{6} \cdot l_F^2$$

allgemeines axiales Widerstandsmoment für die Führungsfläche in Längsrichtung (vgl. Bild 3-31)

$$= \frac{60 \, \text{mm} - 30 \, \text{mm}}{6} \cdot 60^2 \, \text{mm}^2 = 18\,000 \, \text{mm}^3$$

$K_A = 1{,}25$ Anwendungsfaktor lt. Aufgabenstellung

$F_S = 2000 \, \text{N}$ Seilkraft lt. Aufgabenstellung

h_S, l_F, b_F, b_1 Maße vgl. Bild 3-31

2.
$$p_T = \frac{K_A \cdot F_H \cdot R_H}{W_T}$$

Flächenpressung der Führungsfläche in Querrichtung (vgl. Bild 3-31)

$$= \frac{1{,}25 \cdot 150 \, \text{N} \cdot 80 \, \text{mm}}{31{,}5 \cdot 10^3 \, \text{mm}^3} \approx 0{,}5 \, \text{Nmm}^{-2}$$

$F_H = 150 \, \text{N}$ Handkraft lt. Aufgabenstellung

$R_H = 80 \, \text{mm}$ Kurbelradius, vgl. Bild 3-12

$$W_T = \frac{l_F}{6 \cdot b_F} \cdot (b_F^3 - b_1^3)$$

allgemeines axiales Widerstandsmoment der Führungsfläche in Querrichtung (vgl. Bild 3-31)

$$= \frac{60 \, \text{mm}}{6 \cdot 60 \, \text{mm}} \cdot (60 \, \text{mm}^3 - 30 \, \text{mm}^3) = 31\,500 \, \text{mm}^3$$

Die durch diese beiden Kippmomente hervorgerufenen Flächenpressungen addieren sich an
der rechten vorderen Kante des Führungsstücks (vgl. Bild 3-31). Damit ist:

$$p_{\max} = p_F + p_T \le p_{\text{zul}}$$

$$= 8,3\,\text{Nmm}^{-2} + 0,5\,\text{Nmm}^{-2} \approx 8,8\,\text{Nmm}^{-2} < p_{\text{zul}}\ (= 10\,\text{Nmm}^{-2})$$

$$p_{\text{zul}} = p_{\text{zul min}} = 10\,\text{Nmm}^{-2} \quad ; \text{für Stahl auf Stahl nach TB 8-18}$$

Festigkeitsnachweis für das Führungsstück (Pos. 2.1)

Die schwächsten zu untersuchenden Querschnitte sind Mitte Gewindebuchse und der obere
Rand der Führung. Der Nachweis auf Biegung ist hinreichend, da der Schubanteil vergleichsweise gering ist.

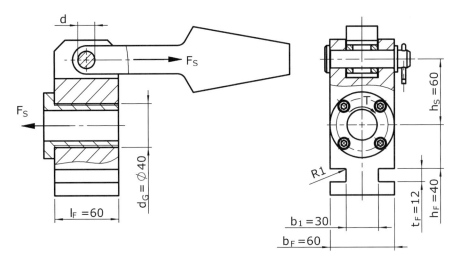

Bild 3-32 Führungsstück mit Seilschlossanbindung

Biegespannung im Führungsstück – Mitte Gewindebuchse

A-A

$$\sigma_{bG} = \frac{M_S}{W_b}$$

$$= \frac{150 \cdot 10^3\,\text{Nmm}}{12 \cdot 10^3\,\text{mm}^3} = 12,5\,\text{Nmm}^{-2}$$

$$M_S = K_A \cdot F_S \cdot h_S \qquad \text{Biegemoment in Spindelhöhe}$$

$$= 1,25 \cdot 2\,\text{kN} \cdot 60\,\text{mm} = 150\,\text{Nm}$$

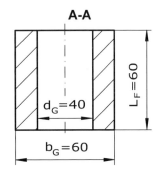

Bild 3-33 Querschnitt des
Führungsstücks Mitte
Gewindebuchse

$$W_b = \frac{(b_G - d_G) \cdot L_F^2}{6}$$ Widerstandsmoment für Rechteckquerschnitte nach Bild 3-33

$$= \frac{(60-40)\,\text{mm} \cdot 60^2\,\text{mm}^2}{6} = 12\,000\,\text{mm}^3$$

Biegespannung am oberen Teil der Führungsnut

1. durch das parallele Kräftepaar F_S (vgl. Bild 3-32)

$$\sigma_{b1} = \frac{M_F}{W_{bx}}$$

$$= \frac{150 \cdot 10^3\,\text{Nmm}}{18 \cdot 10^3\,\text{mm}^3} = 8{,}33\,\text{Nmm}^{-2}$$

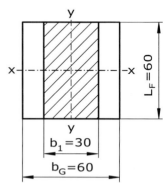

$M_F = M_S = 150\,\text{Nm}$ Biegemoment in Führungsnut oben, vgl. oben

Bild 3-34
Querschnitt des Führungsstücks
Mitte Führungsnut

$$W_{bx} = \frac{(b_G - b_1) \cdot l_F^2}{6}$$ axiales Widerstandsmoment
über der X-Achse

$$= \frac{(60-30)\,\text{mm} \cdot 60^2\,\text{mm}^2}{6} = 18\,000\,\text{mm}^3$$

2. durch das Spindeldrehmoment T_{Sp}

$$\sigma_{b2} = \frac{M_{Sp}}{W_{by}}$$

$$= \frac{15 \cdot 10^3\,\text{Nmm}}{9{,}0 \cdot 10^3\,\text{mm}^3} \approx 1{,}67\,\text{Nmm}^{-2}$$

$M_{Sp} = T_{Sp} = 15 \cdot 10^3\,\text{Nmm}$ Spindeldrehmoment, vgl. Kapitel 3.4.1

$$W_{by} = \frac{l_F \cdot b_1^2}{6}$$ axiales Widerstandsmoment über der Y-Achse

$$= \frac{60\,\text{mm} \cdot 30^2\,\text{mm}^2}{6} = 9000\,\text{mm}^3$$

maximale Biegespannung σ_{b12} am oberen Teil der Führungsnut

$$\sigma_{b12} = \sigma_{b1} + \sigma_{b2}$$

$$= 8{,}33\,\text{Nmm}^{-2} + 1{,}67\,\text{Nmm}^{-2} = 10{,}0\,\text{Nmm}^{-2}$$

Sicherheit gegen Fließen für die Stelle Mitte Gewindebuchse mit der maximalen Biegespannung

Der Nachweis gegen Fließen wird an der Stelle Mitte Gewindebuchse durchgeführt, da hier die höchste Biegespannung vorliegt.

Hinweis: Beachte Angaben zum statischen Festigkeitsnachweis in Kap 1.4.3.

$$S_F = \frac{1}{\sqrt{\left(\dfrac{\sigma_{b\,max}}{\sigma_{bF}}\right)^2 + \left(\dfrac{\tau_{t\,max}}{\tau_{tF}}\right)^2}}$$

statischer Sicherheitsnachweis nach Gl. (3.27) bzw. Bild 11.23 bei fehlendem Torsionsanteil

$$S_F = \frac{\sigma_{bF}}{\sigma_{b\,max}} \geq S_{F\,min}$$

$$= \frac{262,3\,\mathrm{Nmm}^{-2}}{12,5\,\mathrm{Nmm}^{-2}} \approx 21,0 > S_F\ (=1,5)$$

$$\sigma_{bF} = 1,2 \cdot R_{p\,0,2} \cdot K_t$$

Biege-Fließgrenze nach Bild 11-23

$$= 1,2 \cdot 235\,\mathrm{Nmm}^{-2} \cdot 0,93 = 262,3\,\mathrm{Nmm}^{-2}$$

$$\sigma_{b\,max} = \sigma_{bG} = 12,5\,\mathrm{Nmm}^{-2}$$

Biegespannung Mitte Gewindebuchse, vgl. Abschnitt zuvor

$$R_{p\,0,2} = 235\,\mathrm{Nmm}^{-2}$$

Dehngrenze für S235JR nach TB 1-1

$$K_t = 0,93$$

technologischer Größeneinflussfaktor für $d = 60$ mm nach TB 3-11a), Linie 2

$$S_{F\,min} = 1,5$$

erforderliche Mindestsicherheit gegen Fließen für Walz- und Schmiedestähle nach TB 3-14a)

Sicherheit gegen Dauerbruch für die Stelle oberer Teil der Führungsnut

Der Nachweis gegen Dauerbruch wird an der Stelle oberer Teil der Führungsnut durchgeführt. Hier ist die Biegespannung geringer als in der Mitte der Gewindebuchse. Wegen der Kerbwirkung durch die Führungsnut ist aber für den dynamischen Zustand hier die Stelle, die am meisten gefährdet ist.

$$S_D = \frac{1}{\sqrt{\left(\dfrac{\sigma_{ba}}{\sigma_{bGW}}\right)^2 + \left(\dfrac{\tau_{ta}}{\tau_{tGW}}\right)^2}}$$

dynamischer Sicherheitsnachweis nach Gl. (3.29) bzw. Bild 11-23

Wegen des fehlenden Torsionsanteils vereinfacht sich die Formel zu:

$$S_D = \frac{\sigma_{bGW}}{\sigma_{ba}} \geq S_{Derf}$$

$$= \frac{93,1\,\text{Nmm}^{-2}}{10,0\,\text{Nmm}^{-2}} \approx 9,3 > S_{Derf}\ (= 1,5)$$

$$\sigma_{bGW} = \frac{\sigma_{bWN} \cdot K_t}{K_{Db}}$$
Biegegestaltswechselfestigkeit nach Bild 11-23

$$= \frac{270\,\text{Nmm}^{-2} \cdot 1,0}{2,9} = 93,1\,\text{Nmm}^{-2}$$

$$\sigma_{bWN} = \sigma_{bSchN} = 270\,\text{Nmm}^{-2}$$
Biegeschwellfestigkeit für S235JR nach TB 1-1

$$K_t = 1,0$$
techn. Größeneinflussfaktor nach TB 3-11a), Linie 1

$$\sigma_{ba} = \sigma_{bl2} = 10,0\,\text{Nmm}^{-2}$$
Biegespannung Führungsnut oben, vgl. Abschnitte zuvor

$$S_{Derf} = 1,5$$
allgemeine Sicherheitswerte gegen Dauerbruch für S235JR nach TB 3-14a)

Berechnung des Konstruktionsfaktors für Biegung

$$K_{Db} = \left(\frac{\beta_{kb}}{K_g} + \frac{1}{K_{O\sigma}} - 1 \right) \cdot \frac{1}{K_V}$$
Konstruktionsfaktor zur Berücksichtigung der dauerfestigkeitsmindernden Einflüsse nach Gl. (3.16) bzw. Bild 11-23

$$= \left(\frac{2,4}{0,86} + \frac{1}{0,90} - 1 \right) \cdot \frac{1}{1} \approx 2,9$$

$$\beta_{kb} = \frac{\alpha_{kb}}{n_0 \cdot n}$$
Kerbwirkungszahl nach Gl. (3.15b), Kerbe nach Bild 3-34 nur für Y-Achse relevant; Betrachtung insgesamt aber auf ‚sicherer Seite'

$$= \frac{3,2}{1 \cdot 1,35} \approx 2,4$$

$$\alpha_{kb} \approx 3,2$$
Kerbformzahl nach TB 3-6a) für Biegung in Analogie zur Außenkerbe, vgl. auch Bild 3-32

für $\dfrac{r}{b} = \dfrac{1\,\text{mm}}{30\,\text{mm}} \approx 0,033$ und $\dfrac{B}{b} = \dfrac{60\,\text{mm}}{30\,\text{mm}} = 2$

$$n_0 = 1$$
Stützzahl für ungekerbte Bauteile siehe Legende zu Gl. (3.15b), vgl. hierzu Text in Legende zur Gleichung in R/M

$n \approx 1,35$

Stützzahl für gekerbte Bauteile für $G' = 2,0$ mm^{-1} nach TB 3-7a)

$$G' = \frac{2}{r}(1+\varphi)$$

bezogenes Spannungsgefälle nach Gl. aus TB 3-7c)

$$= \frac{2}{1\,\text{mm}}(1+0) = 2,0\,\text{mm}^{-1}$$

$\varphi = 0$ für $\dfrac{B-b}{b} = \dfrac{60\,\text{mm} - 30\,\text{mm}}{30\,\text{mm}}$

Berechnungsfaktor nach TB 3-7c)

$$= 1,0 \geq 0,5$$

$$R_{p\,0,2} = R_e = K_t \cdot R_e$$

$$= 0,93 \cdot 235\,\text{Nmm}^{-2} = 219,0\,\text{Nmm}^{-2}$$

$K_t = 0,93$

technologischer Größeneinflussfaktor für $b_G = 60$ mm nach TB 3-11a), Linie 2

$R_{e\,0,2\,N} = 235\,\text{Nmm}^{-2}$

Streckgrenze für S235JR nach TB 1-1

$K_g = 0,86$

geometrischer Größeneinflussfaktor für $b_G = 60$ mm nach TB 3-11c)

$K_{O\sigma} \approx 0,90$

Einflussfaktor der Oberflächenrauheit für nach Tabelle 3-10a) mit $R_m = R_{m\,N} = 430$ Nmm^{-2} für S235JR und $K_t = 1$

$R_z = 25\,\mu\text{m}$

Rautiefe, Mittelwert für einen gefrästen Vierkant nach TB 2-12a)

$K_V = 1$

Einflussfaktor der Oberflächenverfestigung bei spanender Fertigung ohne thermische Nachbehandlung nach TB 3-12

3.4.14 Auslegung der Bolzenverbindung (Pos. 2.6) zur Anbindung des Seilschlosses (Pos. 2.3)

Die nachfolgende Berechnung orientiert sich an R/M: Kap. 9.2: Bolzen. Es wird der Einbaufall 1 festgelegt: Der Bolzen sitzt in der Gabel und in der Stange mit einer Spielpassung (vgl. Bild 3-35). Wegen leichter Schwenkbewegungen gilt die Annahme Gleitbewegung.

$$d \approx k \cdot \sqrt{\frac{K_A \cdot F_{\text{nenn}}}{\sigma_{b\,\text{zul}}}} \qquad \text{Bolzendurchmesser nach Gl. (9.1)}$$

$$\approx 1,9 \cdot \sqrt{\frac{1,25 \cdot 2 \cdot 10^3\,\text{N}}{80,8\,\text{Nmm}^{-2}}} = 10,6\,\text{mm}$$

Als Bolzendurchmesser sind 12 mm nach Vorzugsreihe aus TB 9-2 hinreichend. Wegen des Anschlussmaßes des Seilschlosses wird 16 mm festgelegt (vgl. Bild 3-35).

$k = 1,9$ Einspannfaktor nach Legende Gl. (9.1) für Einbaufall 1 und Gleitbewegung

$K_A = 1,25$ Anwendungsfaktor, vgl. Aufgabenstellung

$F_{\text{nenn}} = F_S = 2000\,\text{N}$ Seilkraft lt. Aufgabenstellung

$\sigma_{b\,\text{zul}} = 0,2 \cdot K_t \cdot R_{m\,N}$ zulässige Biegespannung für schwellende Belastung nach Legende zu Gl. (9.1)

$\qquad = 0,2 \cdot 0,94 \cdot 430\,\text{Nmm}^{-2} = 80,8\,\text{Nmm}^{-2}$

$R_{m\,N} = 430\,\text{Nmm}^{-2}$ Zugfestigkeit für Einsatzstähle aus Automatenstahl 15SMn13 nach TB 1-1

$K_t = 0,94$ technologischer Größeneinflussfaktor für $d = 16$ mm nach TB3-11a), Linie 4 (Einsatzstahl)

Hinweis zu K_t: In der Dimensionierung wird wegen des zunächst unbekannten und erst zu errechnenden Durchmessers ein K_t-Wert von 1 angenommen und später korrigiert.

Die Bauteilabmessungen von Gabel und Stange werden nach R/M: Kap. 9.2.2-2 für gleitende Flächen berechnet. Die Breite des Führungsstücks (60 mm) und vom Seilschloss als Kaufteil (30 mm) sind konstruktiv bereits vorgegeben. Es ergeben sich folgende Verhältnisse:

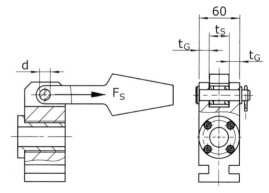

Bild 3-35
Bolzen zur Seilschlossbefestigung

$t_S = 30\,\text{mm}$ Stangebreite, entsprechend Breite des Seilschlosses

$t_G = 15\,\text{mm}$ Gabelbreite entsprechend verbleibendem Maß

Der Augendurchmesser D ergibt sich nach Text zu Gl. (9.1). Da auch das Augenmaß durch das Seilschloss vorgegeben ist erübrigt sich die entsprechende Berechnung.

$$\sigma_b \approx \frac{K_A \cdot M_{b\,\text{nenn}}}{0{,}1 \cdot d^3} \le \sigma_{b\,\text{zul}}$$ Biegespannung im Bolzen nach Gl. (9.2)

$$\approx \frac{1{,}25 \cdot 15 \cdot 10^3\,\text{Nmm}}{0{,}1 \cdot 16^3\,\text{mm}^3} = 45{,}8\,\text{Nmm}^{-2} < \sigma_{b\,\text{zul}}\ (= 80{,}8\,\text{Nmm}^{-2})$$

$$M_{b\,\text{nenn}} = M_{b\,\text{max}} = \frac{F \cdot (t_S + 2t_G)}{8}$$ Biegemomentformel für Einbaufall 1

$$= \frac{2 \cdot 10^3\,\text{N} \cdot (30 + 2 \cdot 15)\,\text{mm}}{8} = 15 \cdot 10^3\,\text{Nmm}$$

Die Schubspannung τ_{max} nach Gl. (9.3) muss auf Grund ihrer geringen Größe nicht überprüft werden (siehe auch Kommentar zu Gl. (9.3)).

$$p = \frac{K_A \cdot F_{\text{nenn}}}{A_{\text{proj}}} \le p_{\text{zul}}$$ Flächenpressung nach Gl. (9.4)

$$= \frac{1{,}25 \cdot 2 \cdot 10^3\,\text{N}}{16\,\text{mm} \cdot 30\,\text{mm}} = 5{,}2\,\text{Nmm}^{-2} < p_{\text{zul}}\ (= 10\,\text{Nmm}^{-2})$$

$$p_{\text{zul}} = p_{\text{zul\,min}} = 10\,\text{Nmm}^{-2}$$ zulässige Flächenpressung bei Gleitbewegung und seltener Betätigung nach TB 8-18

Die projizierte Fläche ist in der Gabel und in der Stange gleich groß. Bei der Ermittlung der zulässigen Flächenpressung gilt das schwächste Material. Hier wurde Materialgleichheit von Führungsstück und Seilschloss vorausgesetzt.

4 Konstruktion einer Tragrolle

4.1 Aufgabenstellung

Es ist eine Tragrolle zur Zuführung von Stangenmaterial für eine Säge entsprechend der Skizze zu konstruieren.

Technische Daten

- maximale mittige Belastung der Tragrolle: $F_T = 5,0$ kN
- einzusetzender Anwendungsfaktor: $K_A = 1,5$
- maximale für die Auslegung der Lager zu berücksichtigende Drehzahl: $n_T = 100$ min^{-1}.

Umfang der Konstruktionsarbeit

- Auslegung der Tragrollenwandstärke
- Auslegung der Tragrollenachse mit Wälzlagerung und Anbindung an die Konsole
- Gestaltung der Wälzlagerung mittels Los- und Festlager für eine Lebensdauer von 10 000 h
- Auslegung der Konsole mit Anbindung an die Stütze als Schweißkonstruktion
- Angabe aller für die Funktion und Festigkeit notwendigen Maße, Passmaße, Oberflächenzeichen, Form- und Lagetoleranzen und Schweißzeichen.

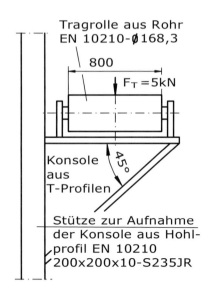

Bild 4-1 Prinzipskizze Tragrolle

4.2 Lösungsfindung

1. Die Tragrolle wird auf einer stehenden Achse gelagert und mittels Achshalter an den Achsstützen festgesetzt.

   Vorteil: Die Achse wird nur schwellend auf Biegung belastet und kann entsprechend kleiner dimensioniert werden.

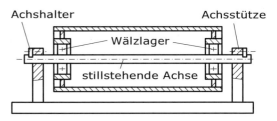

Bild 4-2 Entwurf 1 für eine Tragrolle

Nachteil: Das Loslager muss auf der Achse verschiebbar angeordnet werden. Dadurch ist die axiale Befestigung des Festlagers nicht mehr durch einfache Distanzhülsen möglich, sondern muss aufwändiger beispielsweise durch Sicherungsringe oder eine abgesetzte Achse und Stellringe erfolgen. Da Sicherungsringe und Achsabsätze eine größere Kerbwirkung zur Folge haben kommt der Vorteil der schwellenden Belastung evtl. nicht zum tragen. Auch wird die Berechnung durch die Kerbwirkung aufwändiger.

Eine andere Möglichkeit besteht darin, das Festlager mit einer Spannhülse auf der Achse festzusetzen. Hierzu müssen allerdings zwei unterschiedliche Lager eingesetzt werden. Dadurch werden zwei verschiedene Lagergehäuse notwendig. Der Vorteil ist, dass eine glatte Achse aus blankem Rundstahl nach DIN EN 10 278 in h6-Qualität eingesetzt werden kann. Dadurch wird der Berechnungsaufwand verringert.

2. Die Tragrolle wird auf einer umlaufenden durchgehenden Achse befestigt und mittels Los- und Festlager auf der Konsole abgestützt.

   Vorteil: Die beiden Lager können axial mittels Distanzhülsen tragrollenseitig abgestützt und nach außen mit je einem Sicherungsring befestigt werden.

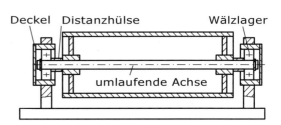

Bild 4-3 Entwurf 2 für eine Tragrolle

Die Sicherungsringnut mit der ungünstigen Kerbwirkung liegt dann im Biegeminimum. Der Einsatz einer solchen glatten durchgehenden Achse ist kostengünstig und verringert den Berechnungsaufwand.

Nachteil: Die Achse wird wechselnd auf Biegung belastet. Dies erfordert einen größeren Achsdurchmesser.

3. Die Tragrolle wird mittels angeschweißten Achszapfen gelagert.

Vorteil: Geringes Gewicht, weniger Materialeinsatz.

Nachteil: Aufwändige Anbindung der Achszapfen an die Tragrolle und aufwändigere Berechnung.

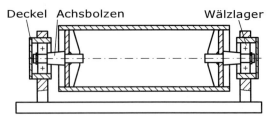

Bild 4-4 Entwurf 3 für eine Tragrolle

Zur vertiefenden Lösungsfindung vgl. auch Bild 4-12. Im Weiteren wird die Lösung mit umlaufender Achse dargestellt (Lösung 2).

4.3 Berechnungen

4.3.1 Bestimmung des Achsdurchmessers

$$d' \approx 3,4 \cdot \sqrt[3]{\frac{M}{\sigma_{bD}}}$$

Mindestdurchmesser der Achse nach Gl. (11.16), Bild 11-21

$$\approx 3,4 \cdot \sqrt[3]{\frac{225 \cdot 10^3 \, \text{Nmm}}{245 \, \text{Nmm}^{-2}}} \approx 33 \, \text{mm}$$

gewählt: $d = 30$ mm

Hinweis: Da eine glatte Achse vorgesehen ist, kann der Durchmesser wegen fehlender Kerbwirkungen durch einen Absatz oder ähnliches nach unten abgerundet werden. Bei der Auswahl müssen die Anschlussteile beachtet werden (hier: Innenring der Wälzlager).

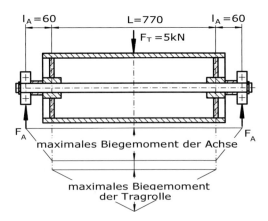

Bild 4-5 Belastungsverlauf an der Tragrolle

$$M = F_A \cdot l_A$$
$$= 3,75 \, \text{kN} \cdot 60 \, \text{mm} = 225 \, \text{Nm}$$

Biegemoment im Biegemaximum

$$F_A = \frac{K_A \cdot F_T}{2}$$
$$= \frac{1,5 \cdot 5 \, \text{kN}}{2} = 3,75 \, \text{kN}$$

Lagerbelastung

$K_A = 1,5$

Anwendungsfaktor lt. Aufgabenstellung

$F_T = 5\,kN$

mittige Belastung der Tragrolle lt. Aufgabenstellung

$l_A = 60\,mm$

geschätzter Abstand Mitte Lager bis Mitte Stützscheibe der Rolle, vgl. Bild 4-5

$\sigma_{bD} = \sigma_{bW} = K_t \cdot \sigma_{bWN}$

$\quad = 1,0 \cdot 245\,Nmm^{-2} = 245\,Nmm^{-2}$

Biegedauerfestigkeit nach Gl. (3.9a)

$K_t = 1,0$

technologischer Größeneinflussfaktor für $d = 30\,mm$ nach TB 3-11a), Linie 1

$\sigma_{bWN} = 245\,Nmm^{-2}$

Biegewechselfestigkeit für E295 nach TB 1-1

4.3.2 Auslegung der Rillenkugellager

dynamisch:

$C_{erf} \geq P \cdot \dfrac{f_L}{f_n}$

erforderliche dynamische Tragzahl nach Gl. (14.1)

$\quad \geq 3,75\,kN \cdot \dfrac{2,75}{0,7} = 14,73\,kN < C_{6206}\;(= 19,3\,kN)$

$P = F_A = 3,75\,kN$

dynamisch äquivalente Lagerbelastung bei fehlendem Axialanteil, vgl. Text zu Gl. (14.6) und Abschnitt zuvor

$f_L \approx 2,75$

Lebensdauerfaktor für Kugellager für eine Lebensdauer von 10 000 h nach TB 14-5

$f_n \approx 0,7$

Drehzahlfaktor für Kugellager mit der Drehzahl $n_T = 100\,min^{-1}$ nach TB 14-4

$C_{6206} = 19,3\,kN$

Tragzahl für Rillenkugellager 6206 nach TB 14-2

Für den Achsdurchmesser 30 mm ergibt sich als Bohrungskennzahl ‚06'. Das Lager 6206 ist das kleinste zugehörige Lager bezüglich Außendurchmesser und Breite. Abmessungen des Lagers:

$d = 30\,mm$, $D = 62\,mm$, $B = 16\,mm$, $r = 1\,mm$; Werte nach TB 14-1

$h = h_{min} = 2,8\,mm$ Schulterhöhe des Anschlussbauteils (hier: Distanzring) nach TB 14-9

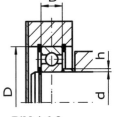

Bild 4-6 Lagerung

statisch

$$C_0 = P_0 \cdot S_0$$
$$= 3{,}75\,\text{kN} \cdot 1{,}5 = 5{,}63\,\text{kN} < C_{0\,6206}\,(= 11{,}2\,\text{kN})$$

statische Tragzahl nach Gl. (14.2)

$P_0 = P = F_\text{A} = 3{,}75\,\text{kN}$ statisch äquivalente Lagerbelastung bei fehlendem Axialanteil, vgl. Gl. (14.4), K_A wegen Vereinfachung der Rechnung nicht herausgerechnet („sichere Seite")

P, F_A vgl. Abschnitt zuvor

$S_0 = 1{,}5$ statische Tragsicherheit nach Legende Gl. (14.2) entsprechend den angenommenen Betriebsbedingungen

$C_{0\,6206} = 11{,}2\,\text{kN}$ statische Tragzahl für Rillenkugellager 6206, TB 14-2

4.3.3 Bestimmung der Tragrollenwandstärke

$$\sigma_\text{b} = \frac{M_\text{T}}{W_\text{b}} \leq \sigma_\text{b zul}$$

Biegespannung Mitte Tragrolle

$$M_\text{T} = F \cdot \frac{L}{2}$$

max. Biegemoment an der Tragrolle

$$= 3{,}75\,\text{kN} \cdot \frac{770\,\text{mm}}{2} = 1443{,}75\,\text{Nm}$$

$F = F_\text{A} = 3{,}75\,\text{kN}$ Lagerkraft = Rondenkraft, vgl. Abschnitte zuvor

$L = 770\,\text{mm}$ geschätztes Stichmaß zwischen den Stützscheiben, vgl. Bild 4-5

$\sigma_\text{b zul} = b \cdot \sigma_\text{b zul}^{*}$ zulässige Spannung für nicht geschweißte Bauteile

$$= 1{,}0 \cdot 93\,\text{Nmm}^{-2} = 93\,\text{Nmm}^{-2}$$

$b = 1{,}0$ Dickenbeiwert für geschätzte $t \leq 10$ mm

$\sigma_\text{b zul}^{*} = 93\,\text{Nmm}^{-2}$ zulässige Spannung für nicht geschweißte Bauteile aus S235JR, Umlaufbiegung, nach TB 6-13a), Linie A

aus der Formel für die Biegespannung Mitte Tragrolle (siehe Abschnittsbeginn) ergibt sich durch Umstellung mit $\sigma_\text{b} = \sigma_\text{b zul}$:

$$W_\text{b} = \frac{M_\text{T}}{\sigma_\text{b zul}}$$

erforderliches axiales Widerstandsmoment

$$= \frac{1443{,}75 \cdot 10^3\,\text{Nmm}}{93\,\text{Nmm}^{-2}} = 15524{,}19\,\text{mm}^3 \approx 15524\,\text{mm}^3$$

$$W_b = \frac{\pi}{32} \cdot \frac{D^4 - d^4}{D}$$ axiales Widerstandsmoment für Kreisringquerschnitt nach TB 11-3

$$\rightarrow d = \sqrt[4]{D^4 - \frac{32}{\pi} \cdot D \cdot W_b}$$ erforderlicher Innendurchmesser der Tragrolle

$$= \sqrt[4]{168,3^4\,\text{mm}^4 - \frac{32}{\pi} \cdot 168,3\,\text{mm} \cdot 15\,524\,\text{mm}^3} = 166,89\,\text{mm}$$

$D = 168,3\,\text{mm}$ Außendurchmesser des Rohres lt. Aufgabenstellung

$$s_R = \frac{D - d}{2}$$ Mindestwandstärke der Tragrolle

$$= \frac{168,3\,\text{mm} - 166,89\,\text{mm}}{2} \approx 0,71\,\text{mm}$$

gewähltes Rohr für die Tragrolle aus Vorzugsreihe nach TB 1-13:

Rohr EN 10 210-168,3x4,5-S235JR

4.3.4 Festlegung der Abmessungen

$D_N = 48\,\text{mm}$ Außendurchmesser der Rollennabe, frei gewählt

$l_N = 30\,\text{mm}$ Länge der Rollennabe, frei gewählt

$B = 16\,\text{mm}$ Lagerbreite, vgl. Kap. 4.3.2

$D = 62\,\text{mm}$ Lager-Außendurchmesser, vgl. Kap. 4.3.2

$d = 30\,\text{mm}$ Achs- bzw. Bohrungsdurchmesser des Lagers

$m = 2,15\,\text{mm}$ Breite des Sicherungsrings im Lagergehäuse nach TB 9-7

$n = 4,5\,\text{mm}$ Mindestabstand des Sicherungsrings vom Lagergehäuseende nach TB 9-7

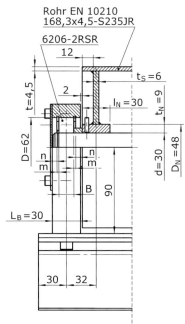

Bild 4-7
Abmessungen des Lagergehäuses und der Rollennabe

$L_B = 2 \cdot m + 2 \cdot n + B$ Breite des Lagergehäuses
$= 2 \cdot 2,15\,\text{mm} + 2 \cdot 4,5\,\text{mm} + 16\,\text{mm} = 29,3\,\text{mm}$

gewählt: 30 mm

4.3.5 Spannungsnachweis für die Schweißverbindungen der Rolle

Bestimmung der Schweißnahtdicke

Stützscheibe – Nabe

$$3\,\text{mm} \le a \le 0,7 \cdot t_{\text{min}}$$

$$3\,\text{mm} \le a \le 0,7 \cdot 6\,\text{mm} = 4,2\,\text{mm}$$

max. Kehlnahtstärke nach Gl. (6.16a)

$$a \ge \sqrt{t_{\text{max}}} - 0,5$$

$$a \ge \sqrt{9\,\text{mm}} - 0,5 = 2,5\,\text{mm}$$

min. Kehlnahtstärke nach Gl. (6.16b)

gewählt: a = 3 mm

Stützscheibe – Tragtrommel

$$3\,\text{mm} \le a \le 0,7 \cdot t_{\text{min}}$$

$$3\,\text{mm} \le a \le 0,7 \cdot 4,5\,\text{mm} = 3,15\,\text{mm}$$

max. Kehlnahtstärke nach Gl. (6.16a)

$$a \ge \sqrt{t_{\text{max}}} - 0,5$$

$$a \ge \sqrt{6\,\text{mm}} - 0,5 \approx 2,0\,\text{mm}$$

min. Kehlnahtstärke nach Gl. (6.16b)

gewählt: a = 3mm

Hinweis: Mindestdicke der Kehlnähte für Handschweißung a = 3 mm; vgl. R/M: Text nach Gl. (6.16b).

Festigkeitsnachweis für die Schweißnaht an der Nabe

$$\sigma_{\perp\,\text{zd}} = \frac{F}{A_{\text{w}}} \le \sigma_{\text{w zul}}$$

Zug-Druck-Wechselspannung in der Kehlnaht an der Nabe

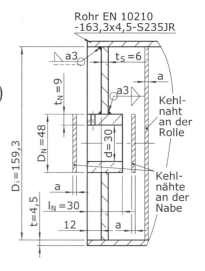

Rohr EN 10210 -163,3x4,5-S235JR

$$= \frac{3,75 \cdot 10^3\,\text{N}}{288\,\text{mm}^2} \approx 13,0\,\text{Nmm}^{-2} < \sigma_{\text{w zul}}\left(= 40\,\text{Nmm}^{-2}\right)$$

$$F = F_{\text{A}} = 3,75\,\text{kN} \qquad \text{Lagerkraft, vgl. Kap. 4.3.1}$$

$$A_{\text{w1}} = 2 \cdot a \cdot D_{\text{N}} \qquad \text{projizierte Schweißnahtfläche an der Nabe}$$

$$= 2 \cdot 3\,\text{mm} \cdot 48\,\text{mm} = 288\,\text{mm}^2$$

$$A_{\text{w2}} = a \cdot D_{\text{i}} \qquad \text{projizierte Schweißnahtfläche an der Tragrolle, vgl. Bild 4-8}$$

$$= 3\,\text{mm} \cdot 159,3\,\text{mm} = 477,9\,\text{mm}^{-2}$$

Bild 4-8 Schweißnähte an der Rolle

$a = 3\,\text{mm}$ Schweißnahtbreite, vgl. Abschnitt zuvor

$D_\text{N} = 48\,\text{mm}$ Nabendurchmesser, vgl. Bild 4-8

$D_\text{i} = 159{,}3\,\text{mm}$ Innendurchmesser der Tragrolle, vgl. Bild 4-8

$\sigma_\text{w\,zul} = b \cdot \sigma_\text{w\,zul}^{*}$

$\qquad = 1{,}0 \cdot 40\,\text{Nmm}^{-2} = 40\,\text{Nmm}^{-2}$

$b = 1{,}0$ Dickenbeiwert für $d \le 10$ mm nach TB 6-14

$\sigma_\text{w\,zul}^{*} = 40\,\text{Nmm}^{-2}$ zul. Wechselspannung nach TB 6-13a), Linie F

Hinweis: Für die Bestimmung von Zug- bzw. Druckspannungen in Schweißnähten an zylindrischen Flächen wird nur die projizierte Fläche der Schweißnaht herangezogen (vgl. Flächenpressung in Gleitlagern oder Bolzenverbindungen). Die kleinere der beiden Schweißnahtflächen führt zur höheren Spannung.

Ein möglicher Biegeanteil am Übergang Stützscheibe-Tragrolle wird auf Grund praktischer Erfahrungen uns insgesamt auf der ‚sicheren Seite' liegenden Annahmen vernachlässigt.

4.3.6 Spannungsnachweis für den oberen Konsolstab

Berechnung der Kräfte an den Profilen

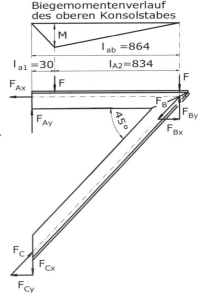

Bild 4-9 Konsole

$\Sigma M_\text{A} = 0 = -F \cdot l_\text{A1} - F \cdot l_\text{ab} + F_\text{By} \cdot l_\text{ab}$

$\rightarrow F_\text{By} = \dfrac{F \cdot l_\text{A1} + F \cdot l_\text{ab}}{l_\text{ab}}$

$\qquad = \dfrac{3{,}75\,\text{kN} \cdot 30\,\text{mm} + 3{,}75\,\text{kN} \cdot 864\,\text{mm}}{864\,\text{mm}} \approx 3{,}88\,\text{kN}$

$F = F_\text{A} = 3{,}75\,\text{kN}$ Lagerkraft, vgl. Abschnitte zuvor

l_A1, l_ab Hebelarme, vgl. Bild 4-9

$\Sigma F_\text{y} = 0 = F_\text{Ay} - 2 \cdot F + F_\text{By}$

$\rightarrow F_\text{Ay} = 2 \cdot F - F_\text{By}$

$\qquad = 2 \cdot 3{,}75\,\text{kN} - 3{,}88\,\text{kN} = 3{,}62\,\text{kN}$

$F_\text{B} = \dfrac{F_\text{By}}{\cos\alpha}$

$\qquad = \dfrac{3{,}88\,\text{kN}}{\cos 45°} \approx 5{,}49\,\text{kN}$

$$F_{Bx} = F_{By} \approx 3,88 \, kN \qquad\qquad\qquad \text{(bei 45°)}$$

$$F_{Cx} = F_{Cy} = F_{Ax} = F_{Bx} = F_{By} \approx 3,88 \, kN \qquad \text{als Reaktionskräfte auf } F_{Bx} \text{ bzw. } F_{By}$$

$$F_C = F_B \approx 5,49 \, kN$$

Spannungsnachweis für den oberen Konsolstab

$$\sigma_z = \frac{F_{Bx}}{A} \qquad\qquad\qquad\qquad \text{Zugspannung im oberen T-Profil}$$

$$= \frac{3,88 \cdot 10^3 \, N}{13,6 \cdot 10^2 \, mm^2} \approx 2,9 \, Nmm^{-2}$$

$$A = 13,6 \, cm^3 \qquad\qquad\qquad\qquad \text{Querschnittsfläche des T-Profils EN 10 055-T80}$$
nach TB 1-12

$$\sigma_b = \frac{M}{W_b} \qquad\qquad\qquad\qquad \text{max. Biegespannung im Biegezugrand des oberen T-Profils}$$

$$= \frac{108,6 \cdot 10^3 \, Nmm}{12,8 \cdot 10^3 \, mm^3} \approx 8,5 \, Nmm^{-2}$$

$$M = M_{max} = F_{Ay} \cdot l_{A1}$$
$$= 3,62 \, kN \cdot 30 \, mm = 108,6 \, Nm$$

$$W_b = W_x = 12,8 \, cm^3 \qquad\qquad \text{axiales Widerstandsmoment für das T80-Profil}$$
nach TB 1-12

$$\sigma_{max} = \sigma_z + \sigma_b \leq \sigma_{w \, zul} \qquad\qquad \text{maximale Spannung im oberen T-Profil}$$

$$= 2,9 \, Nmm^{-2} + 8,5 \, Nmm^{-2} = 11,4 \, Nmm^{-2} < \sigma_{zul} \; (= 150 \, Nmm^{-2})$$

Hinweis: Die Berechnung der Schubspannung entfällt, da die Scherfläche zur Übertragung der Querkraft nicht genau definiert werden kann und vernachlässigbar klein ist.

$$\sigma_{w \, zul} = b \cdot \sigma^*_{w \, zul}$$

$$= 1,0 \cdot 150 \, Nmm^{-2} = 150 \, Nmm^{-2}$$

$$b = 1,0 \qquad\qquad\qquad\qquad \text{Dickenbeiwert für Bauteildicke } \leq 10 \, mm \text{ nach TB 6-14}$$

$$\sigma^*_{w \, zul} = 150 \, Nmm^{-2} \qquad\qquad \text{zul. Spannung für durch Schweißen geschädigte Bauteile unter Schwellbelastung nach TB 6-13a), Linie A}$$

4.3.7 Festigkeitsnachweis für den Stützstab auf Knickung

Berechnung nach den Richtlinien für allgemeinen Maschinenbau nach R/M: Kap. 8.5.3:

$$A_{erf} \approx \frac{F}{12} \cdots \frac{F}{10}$$

minimale Querschnittsfläche des Druckstabes nach Gl. (6.4a); Einheitenwahl vgl. Legende

$$= \frac{5,49\,kN}{12} = 0,458\,cm^2$$

$$I_{erf} \approx 0,12 \cdot F \cdot l_k^2$$

minimales Flächenmoment zweiten Grades des Druckstabes nach Gl. (6.4b), Einheitenwahl vgl. Legende

$$= 0,12 \cdot 5,49\,kN \cdot 0,611^2\,m^2 = 0,246\,cm^4$$

$$F = F_B = 5,49\,kN$$

Stabkraft, vgl. Kap. 4.3.6

$$l_k = \beta \cdot l$$
$$= 0,5 \cdot 1222\,mm = 611\,mm$$

rechnerische Knicklänge mit $\beta = 0,5$ für Eulerfall 4 nach R/M: Bild 6-34

$$l = \frac{l_{ab}}{\sin \alpha}$$

Stablänge, vgl. Bild 4-9

$$= \frac{864\,mm}{\sin 45°} \approx 1222\,mm$$

$$l_{ab} = 864\,mm$$

Länge des oberen Konsolstabes, vgl. Bild 4-9

gewählter Druckstab entsprechend dem oberen Zugstab:
EN 10 055-T80 mit Querschnittsfläche $A = 13,6\,cm^2$ und $I_y = 37,0\,cm^4$ nach TB 1-12

$$\lambda_{ky} = \frac{l_{ky}}{i_y}$$

Schlankheitsgrad entsprechend der Berechnung im Stahlbau nach Gl. (6.5a)

$$= \frac{611\,mm}{16,5\,mm} = 37,0$$

$$l_{ky} = l_k = 611\,mm$$

rechnerische Knicklänge, vgl. Abschnitt zuvor

$$i_y = 1,65\,cm = 16,5\,mm$$

Trägheitsradius für die schwächere y-Achse nach TB 1-12

Für den *unelastischen Bereich,* d. h. für $\lambda < 105$, ist für Stäbe aus S235 die *Knickspannung nach Tetmajer:*

$$\sigma_K = 310 - 1,14 \cdot \lambda$$

Knickspannung nach Gl. (8.58) mit $\lambda = \lambda_{ky} = 37,0$, vgl. Abschnitt zuvor

$$= 310 - 1,14 \cdot 37,0 = 267,8\,Nmm^{-2}$$

$$S = \frac{\sigma_K}{\sigma_{vorh}} \geq S_{erf}$$ Sicherheit nach Gl. (8.60)

$$= \frac{267,8\,\text{Nmm}^{-2}}{4,0\,\text{Nmm}^{-2}} \approx 67,0 > S_{erf}\ (=2)$$

$$\sigma_{vorh} = \frac{F}{A_w}$$ vorhandene Druckspannung nach Legende
                         Gl. (8.60)

$$= \frac{5,49 \cdot 10^3\,\text{N}}{13,6 \cdot 10^2\,\text{mm}^2} \approx 4,0\,\text{Nmm}^{-2}$$

$S_{erf} = 2$ erforderliche Sicherheit bei unelastischer
                         Knickung und niedrigem Schlankheitsgrad
                         nach Legende Gl. (8.60)

F, A_w vgl. Abschnitte zuvor

Die hohe vorhandene Sicherheit lässt ein kleiner dimensioniertes Profil zu. Das vorhandene Profil wird aber als Anschlussprofil zum oberen Zugstab bestimmt.

Alternative Berechnung nach den Richtlinien des Stahlbaus nach R/M: Kap. 6.3.1-3:

Die Bestimmung des erforderlichen Profils erfolgt wie im vorigen Abschnitt nach den Gleichungen (6.4a) und (6.4b).

$$\overline{\lambda}_{ky} = \frac{\lambda_{ky}}{\lambda_a}$$ Schlankheitsgrad nach Gl. (6.7b)

$$= \frac{37,0}{92,9} = 0,40$$

$\lambda_{ky} = 37,0$ Schlankheitsgrad in schwächerer Y-Achse,
                         vgl. vorheriger Abschnitt

$\lambda_a = 92,9$ Bezugsschlankheitsgrad für S235, vgl. Text zu Gl. (6.6)

$F \leq \kappa \cdot F_{pl}$ Tragsicherheitsnachweis nach Gl. (6.9a)

$F = 5,49\,\text{kN} \leq 0,89 \cdot 296,7\,\text{kN} = 264,0\,\text{kN}$

$F = 5,49\,\text{kN}$ Kraft in der Stabachse, vgl. Abschnitte zuvor

$\kappa = 0,89$ Abminderungsfaktor nach TB 6-9, Knickspannungslinie c für
                         T-Profil nach TB 6-8 und $\overline{\lambda}_{ky} = 0,40$

$$F_{pl} = \frac{A \cdot R_e}{S_M}$$ Druckkraft im vollplastischen Zustand nach Legende zu
                         Gl. (6.9b)

$$= \frac{13,6 \cdot 10^2 \, \text{mm}^2 \cdot 240 \, \text{Nmm}^{-2}}{1,1} = 296,7 \, \text{kN}$$

$A = 13,6 \cdot 10^2 \, \text{mm}^{-2}$ Querschnittsfläche für T80 nach TB 1-12

$R_e = 240 \, \text{Nmm}^{-2}$ Streckgrenze für $t \leq 40 \, \text{mm}$ nach TB 6-5

$S_M = 1,1$ Teilsicherheitsbeiwert nach Legende zu Gl. (6.9b)

4.3.8 Berechnung der Schweißverbindungen der Konsole

Schweißverbindung zwischen oberen Zugstab und Stütze

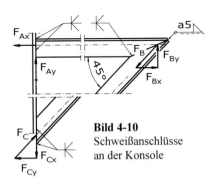

$$\sigma_{\perp z} = \frac{F_{Ax}}{A_w} \qquad \text{Zugspannung in der DHV-Naht}$$

$$= \frac{3,88 \cdot 10^3 \, \text{N}}{13,6 \cdot 10^2 \, \text{mm}^2} = 2,85 \, \text{Nmm}^{-2}$$

$F_{Ax} = 3,88 \, \text{kN}$ Stabkraft, vgl. Kap. 4.3.6

Bild 4-10
Schweißanschlüsse
an der Konsole

$A_w = 13,6 \cdot 10^2 \, \text{mm}^{-2}$ Querschnittsfläche für T80 nach TB 1-12

$$\tau_{\parallel} = \frac{F_{Ay}}{A_w} \qquad \text{Schubspannung in der DHV-Naht, gesamte Querschnittsfläche}$$

$$= \frac{3,62 \cdot 10^3 \, \text{N}}{13,6 \cdot 10^2 \, \text{mm}^2} = 2,66 \, \text{Nmm}^{-2}$$

$F_{Ay} = 3,62 \, \text{kN}$ Stabkraft, vgl. Kap. 4.3.6

$$\sigma_{wv} = 0,5 \cdot \left(\sigma_{\perp} + \sqrt{\sigma_{\perp}^2 + 4 \cdot \tau_{\parallel}^2} \right) \leq \sigma_{w \, zul} \qquad \text{Vergleichsspannung nach Gl. (6.27)}$$

$$= 0,5 \cdot \left(2,85 \, \text{Nmm}^{-2} + \sqrt{(2,85 \, \text{Nmm}^{-2})^2 + 4 \cdot (2,66 \, \text{Nmm}^{-2})^2} \right)$$

$$\approx 4,5 \, \text{Nmm}^{-2} < \sigma_{w \, zul} \, (= 80 \, \text{Nmm}^{-2})$$

$$\sigma_{w \, zul} = b \cdot \sigma_{w \, zul}^{*}$$

$$= 1,0 \cdot 80 \, \text{Nmm}^{-2} = 80 \, \text{Nmm}^{-2}$$

$b = 1,0$ Dickenbeiwert für Bauteildicke ≤ 10 mm nach TB 6-14

$\sigma^{*}_{\text{w zul}} = 80\,\text{Nmm}^{-2}$ zul. Spannung für schwellende Belastung einer DHV-Naht nach TB 6-13a), Linie E5 (vgl. Text zu E1)

Schweißverbindung zwischen Druckstab und Stütze

Hier entspricht die Druckbelastung der Belastung des oberen Zugstabes. Da aber die Querschnittsfläche durch den 45°-Schrägschnitt größer ist, muss die Spannung kleiner sein. Die Schubkraft ist mit $F_{\text{Cy}} = 3,88$ kN nur unwesentlich größer als $F_{\text{Ay}} = 3,62$ kN, aber die Schweißnahtfläche mit $\sqrt{2} \cdot 13,6$ cm größer als am oberen Stab. Damit muss hier auch die Schubspannung kleiner sein.

Schweißverbindung zwischen Zugstab und Druckstab

Auch an dieser Stelle kann auf einen Spannungsnachweis verzichtet werden, da hier die Schweißnahtfläche größer als an der Stelle A ist.

4.3.9 Schraubverbindung der Lagergehäuse mit der Konsole

Da die Lagerböcke durch die Belastung auf die Konsole gedrückt werden, kann auf einen Festigkeitsnachweis der Schrauben verzichtet werden.

4.4 Konstruktionszeichnung

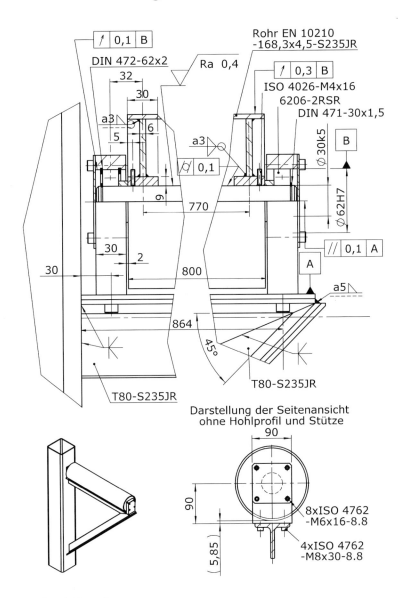

Bild 4-11 Tragrolle mit Konsole

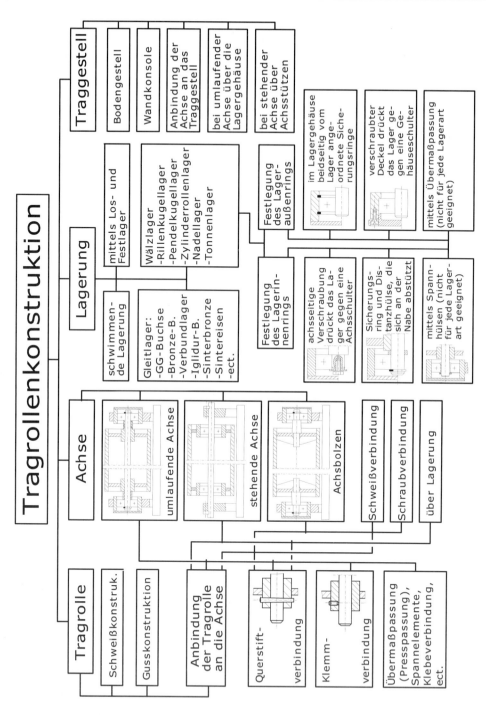

Bild 4-12

5 Konstruktion eines Getriebes

5.1 Aufgabenstellung

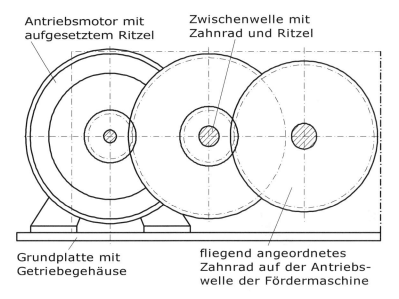

Antriebsmotor mit
aufgesetztem Ritzel

Zwischenwelle mit
Zahnrad und Ritzel

Grundplatte mit
Getriebegehäuse

fliegend angeordnetes
Zahnrad auf der Antriebs-
welle der Fördermaschine

Bild 5-1 Schematische Darstellung des Getriebes

Für den Antrieb einer Fördermaschine soll ein Getriebe mit geradverzahnten Stirnrädern konstruiert werden. Als Antrieb ist ein Drehstrommotor mit aufgesetztem Ritzel vorgesehen. Der Abtrieb erfolgt über ein Zahnrad auf der Welle der Fördermaschine. Diese Welle liegt auf der gleichen Höhe wie die Antriebsmotorenwelle. Die Antriebswelle ist seitlich versetzt angeordnet (vgl. Bild 5-1). Da die maximale Übersetzung pro Stufe 4:1 nicht überschreiten soll, ist für die vorliegenden Betriebsbedingungen (vgl. technische Daten unten) ein 2-stufiges Getriebe vorzusehen. Bei der Erarbeitung der Konstruktion ist von einer Einzelfertigung auszugehen und eine kostengünstige Lösung anzustreben.

Technische Daten

- Drehstrommotor mit Käfigläufer nach DIN 42673 (Bauform IM B3) Baugröße 160M (siehe R/M: TB 16-21)

- Antriebsleistung $P = 11$ kW

- Antriebsdrehzahl $n_{An} = 3000$ min^{-1}

- Abtriebsdrehzahl des Getriebes bzw. Antriebsdrehzahl der Arbeitsmaschine soll $n_{Ab} \approx$ 300 min^{-1} betragen

- maximale Übersetzung pro Stufe $i_{St} = 4$.

Umfang der Konstruktion

zur Lösungsfindung:

- Erstellung einer Anforderungsliste
- Bildung von mindestens zwei Lösungsvarianten und Auswahl der ausgeführten Varianten durch eine geeignete Bewertung
- Erstellung eines Getriebeplans mit Angabe aller für die Berechnung notwendigen Daten

zur Konstruktion:

überschlägige Auslegung aller Zahnradpaare mit Angabe von:

- Modul
- Zähnezahl
- Teilkreisdurchmesser
- Zahnradbreite
- Achsabstand
- Zahnradwerkstoff.

komplette Zwischenwelle mit:

- Zahnrädern und Anbindung an die Welle
- Lagerung der Welle mittels Wälzlager als Los- und Festlager ausgelegt
- Getriebegehäuse mit Lagergehäuse (keine Fertiglagergehäuse als Zukaufteile einsetzen) als Schweißkonstruktion mit gemeinsamer Grundplatte und Anbindung des Antriebsmotors. Das Getriebegehäuse ist für eine Tauchschmierung auszulegen.

5.2 Lösungsfindung

5.2.1 Anforderungsliste

In der Anforderungsliste sind alle Anforderungen an die Konstruktion aufzuführen, die unmittelbar aus der Aufgabenstellung oder aus weiteren Notwendigkeiten resultieren. Solche ergeben sich beispielsweise aus dem Unfallschutz oder aus Konstruktionsrichtlinien wie die maximale Übersetzung einer Getriebestufe im allgemeinen Maschinenbau.

Tabelle 5-1 Anforderungsliste

F =Forderung W = Wunsch	Nr.	Anforderungen	Datum:	verantwortlich:
F	1	Zwischenwelle für 2-stufiges Getriebe mit geradverzahnten Stirnrädern		lt. Aufgabe
F	2	Antrieb über Ritzel auf der Welle eines Drehstrommotors mit Käfigläufer nach DIN 42673 (Bauform IM B3) Baugröße 160M: - Antriebsleistung $P = 11$ kW - Antriebsdrehzahl $n_{An} = 3000$ min^{-1}		lt. Aufgabe
F	3	Abtrieb auf ein auszulegendes Zahnrad auf der Antriebswelle der Arbeitsmaschine mit der Drehzahl $n_{Ab} \approx 300$ min^{-1}		lt. Aufgabe
F	4	maximale Übersetzung pro Stufe $i_{St} = 4$		lt. Aufgabe
F	5	Lagerung mittels Wälzlager als Los- und Festlager		lt. Aufgabe
F	6	Lagerbockhöhe entsprechend der Wellenhöhe des Antriebsmotors		lt. Aufgabe
F	7	keine Lagergehäuse als Zukaufteile		lt. Aufgabe
W	8	maximale Kosten 3000,- €		Prüfling
F	9	Schutzmaßnahmen entsprechend UVV		Prüfling
einverstanden:			Blatt:1 von 1	

Fachschule für Technik
Maschinenbautechnik

5.2.2 Black-Box-Darstellung

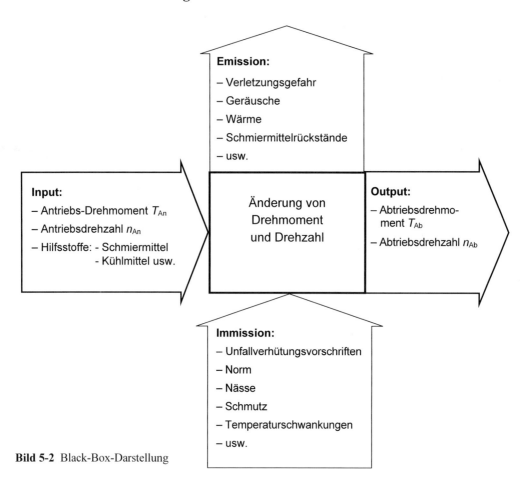

Emission:

– Verletzungsgefahr

– Geräusche

– Wärme

– Schmiermittelrückstände

– usw.

Input:

– Antriebs-Drehmoment T_{An}

– Antriebsdrehzahl n_{An}

– Hilfsstoffe: - Schmiermittel
  - Kühlmittel usw.

Änderung von
Drehmoment
und Drehzahl

Output:

– Abtriebsdrehmo-
  ment T_{Ab}

– Abtriebsdrehzahl n_{Ab}

Immission:

– Unfallverhütungsvorschriften

– Norm

– Nässe

– Schmutz

– Temperaturschwankungen

– usw.

Bild 5-2 Black-Box-Darstellung

5.2.3 Funktionsanalyse

Zur Funktionsanalyse der Zwischenwelle wird die Skizze einer Getriebezwischenwelle herangezogen, wie sie häufig in Lehrbüchern abgebildet ist (vgl. Bild 5-3). Dazu wird die vorhandene Struktur durch die Aufzählung der vorgefundenen Strukturelemente beschrieben. Diesen Strukturelementen werden dann die Einzelfunktionen zugeordnet. Nachteilig ist hier eine zu detaillierte Gliederung. Es besteht dann die Gefahr, dass nur Varianten entwickelt werden, die zu sehr an der Struktur der Vorlage angelehnt sind. Wegen der ungewollten Einengung wird hier die Möglichkeit erschwert Varianten zu entwickeln, die eine direkte Drehmomentübertragung vom Ritzel auf das Zahnrad ermöglichen und somit statt einer Welle eine Achse einzusetzen. Innovative Neuerungen finden unter Umständen keine Beachtung mehr.

Skizze einer Getriebezwischenwelle

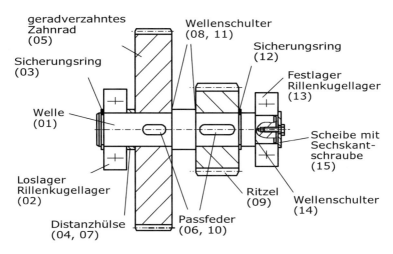

Bild 5-3 Getriebezwischenwelle Variante A

Ermittlung der zu erfüllenden Einzelfunktionen

Tabelle 5-2 Funktionsanalyse

Nr.	Strukturelemente	Einzelfunktionen
01	Welle	Übertragung von Drehmomenten und Drehbewegungen, Aufnahme der Systemelemente
02	Loslager	radiale Führung der Welle und Kompensation axialer Wellenlängenänderungen
03	Sicherungsring	axiale Sicherung des Festlagerinnenrings auf der Außenseite
04	Distanzhülse	axiale Sicherung des Festlagerinnenrings auf der Wellenseite
05	Zahnrad	Aufnahme und Übertragen des Drehmomentes
06	Passfeder	Übertragen des Drehmomentes vom Zahnrad auf weiterführende Elemente
07	Distanzhülse	axiale Sicherung des Zahnrades, lagerseitig
08	Wellenschulter	axiale Sicherung des Zahnrades auf der Ritzelseite
09	Ritzel	Übernahme und Weiterleiten des Wellen-Drehmoments
10	Ritzel - Passfeder	Übertragen des Drehmoments auf das Ritzel
11	Wellenschulter	axiale Sicherung des Ritzels auf der Zahnradseite, zahnradseitig
12	Sicherungsring	axiale Sicherung des Ritzels, lagerseitig
13	Festlager	radiale und axiale Führung der Radsätze
14	Wellenschulter	axiale Sicherung des Loslagerinnenrings auf der Wellenseite
15	Scheibe mit Sechs-kantschraube	axiale Sicherung des Loslagerinnenrings auf der Außenseite

5.2.4 Morphologischer Kasten

Die Darstellungen der entwickelten Varianten können den Bildern 5-3 bis 5-5 entnommen werden. Zur vertiefenden Lösungsfindung vgl. auch Bild 5-26.

Tabelle 5-3 Morphologischer Kasten

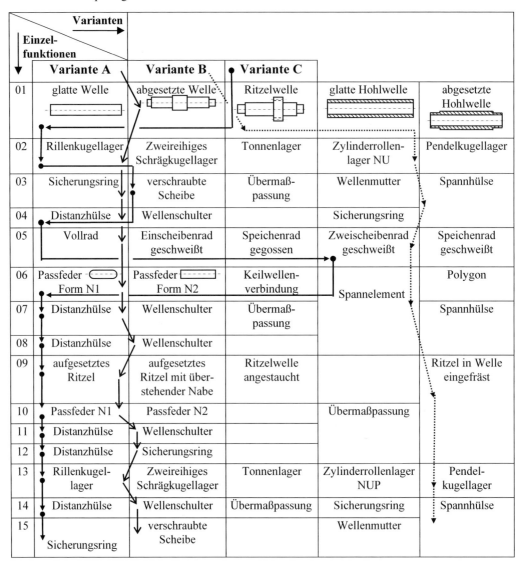

Einzelfunktionen / Varianten	Variante A	Variante B	Variante C		
01	glatte Welle	abgesetzte Welle	Ritzelwelle	glatte Hohlwelle	abgesetzte Hohlwelle
02	Rillenkugellager	Zweireihiges Schrägkugellager	Tonnenlager	Zylinderrollenlager NU	Pendelkugellager
03	Sicherungsring	verschraubte Scheibe	Übermaßpassung	Wellenmutter	Spannhülse
04	Distanzhülse	Wellenschulter		Sicherungsring	
05	Vollrad	Einscheibenrad geschweißt	Speichenrad gegossen	Zweischeibenrad geschweißt	Speichenrad geschweißt
06	Passfeder Form N1	Passfeder Form N2	Keilwellenverbindung	Spannelement	Polygon
07	Distanzhülse	Wellenschulter	Übermaßpassung		Spannhülse
08	Distanzhülse	Wellenschulter			
09	aufgesetztes Ritzel	aufgesetztes Ritzel mit überstehender Nabe	Ritzelwelle angestaucht		Ritzel in Welle eingefräst
10	Passfeder N1	Passfeder N2		Übermaßpassung	
11	Distanzhülse	Wellenschulter			
12	Distanzhülse	Sicherungsring			
13	Rillenkugellager	Zweireihiges Schrägkugellager	Tonnenlager	Zylinderrollenlager NUP	Pendelkugellager
14	Distanzhülse	Wellenschulter	Übermaßpassung	Sicherungsring	Spannhülse
15	Sicherungsring	verschraubte Scheibe		Wellenmutter	

Darstellung der entwickelten Varianten

Die Variante A entspricht der Vorlage, die zu der Strukturierung einer Getriebezwischenwelle herangezogen wurde (vgl. Bild 5-3). Als Lösungsvariante wurde sie nicht weiter verfolgt.

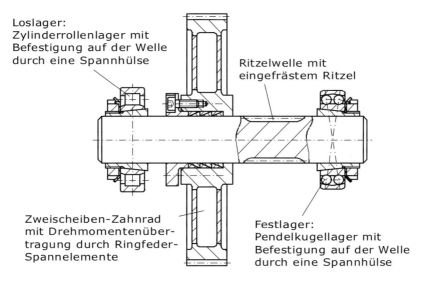

Loslager:
Zylinderrollenlager mit
Befestigung auf der Welle
durch eine Spannhülse

Ritzelwelle mit
eingefrästem Ritzel

Zweischeiben-Zahnrad
mit Drehmomentenüber-
tragung durch Ringfeder-
Spannelemente

Festlager:
Pendelkugellager mit
Befestigung auf der Welle
durch eine Spannhülse

Bild 5-4 Getriebezwischenwelle Variante B

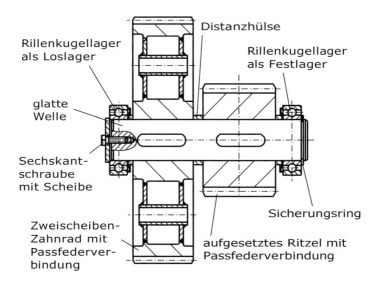

Distanzhülse

Rillenkugellager
als Loslager

Rillenkugellager
als Festlager

glatte
Welle

Sechskant-
schraube
mit Scheibe

Sicherungsring

Zweischeiben-
Zahnrad mit
Passfederver-
bindung

aufgesetztes Ritzel mit
Passfederverbindung

Bild 5-5 Getriebezwischenwelle Variante C

5.2.5 Bewertung der Varianten

Zunächst werden die Bewertungsfaktoren gewichtet (Kosten: 2-fach, da bei Einzelfertigung komplexer Konstruktionen in der Regel hohe Kosten anfallen. Funktionserfüllung: 1-fach, da eine Gefährdung von Personen auszuschließen ist.). Die Varianten werden allgemein beurteilt (2-gut, 1-weniger gut) und mit den Faktoren zu einem Gewichtungsfaktor multipliziert (K, F). Dann erfolgt die Beurteilung zum Einfluss des Kriteriums auf die Gesamtlösung (E). Die abschließende Wertzahl (W) ergibt sich aus der Multiplikation der Bewertung des Einflusses mit den Gewichtungsfaktoren.

Tabelle 5-4 Bewertung der Getriebezwischenwelle Variante B

Einfluss (E) auf die Konstruktion	Funktionselemente der Variante B — Zahlen: entsprechende Einzelfunktionen	Bewertungshinweise	Gewichtung	K = Kosten 2-fach	F = Funktion 1-fach	Wertzahl W = E x (K + F)
3	01 Ritzelwelle	größerer Wellendurchmesser d_f = Fußkreisdurchmesser des Ritzels d_{sh}		2x1 =2	1x2 =2	3x4 =**12**
2	02 Zylinderrollenlager NU	hohe Anschaffungskosten, höhere Tragzahl ergibt höhere Lebensdauer		2x1 =2	1x2 =2	2x4 =**8**
1	03 Spannhülse 04	hohe Anschaffungskosten, geringe Kerbwirkung, aufwändigere Montage, ungenaue Platzierung		2x1 =2	1x1 =1	1x3 =**3**
2	05 Zweischeibenrad, geschweißt	hoher Fertigungsaufwand, geringes Gewicht		2x1 =2	1x2 =2	2x4 =**8**
2	06 Spannelement 07 08	günstige Kerbwirkung, hohe Anschaffungskosten, großer Fertigungsaufwand		2x2 =4	1x2 =2	2x6 =**12**
2	09 in Welle eingefrästes 10 Ritzel 11 12	hohe Fertigungskosten bei Einzelfertigung, günstige Kerbwirkung		2x1 =2	1x2 =2	2x4 =**8**
2	13 Pendelkugellager	hohe Anschaffungskosten, höhere Tragzahl ergibt höhere Lebensdauer		2x1 =2	1x2 =2	2x2 =**8**
1	14 Spannhülse 15	hohe Anschaffungskosten, geringe Kerbwirkung, aufwändigere Montage, ungenaue Platzierung		2x1 =2	1x2 =2	1x4 =**4**
Summe der Wertzahlen W						**63**

Tabelle 5-5 Bewertung der Getriebezwischenwelle Variante C

Einfluss (E) auf die Konstruktion	Funktionselemente der Variante C Zahlen: entsprechende Einzelfunktionen	Bewertungshinweise	Gewichtung	K = Kosten 2-fach	F = Funktion 1-fach	Wertzahl W = E x (K + F)
3	01 glatte Welle	kostengünstigste Lösung aus blankem Rundstahl DIN EN 10 278 mit aufgesetztem Ritzel und Passfeder		$2\times2=4$	$1\times2=2$	$3\times6=\mathbf{18}$
2	02 Rillenkugellager	kostengünstigste Wälzlager, geringere Lebensdauer		$2\times2=4$	$1\times1=1$	$2\times5=\mathbf{10}$
1	03 verschraubte Scheibe	höhere Fertigungskosten als bei einem Sicherungsring		$2\times2=4$	$1\times2=2$	$1\times6=\mathbf{6}$
	04 Distanzhülse	kostengünstigste Lösung, genaue Platzierung				
2	05 Zweischeibenrad, geschweißt	hoher Fertigungsaufwand, geringes Gewicht		$2\times1=2$	$1\times2=2$	$2\times4=\mathbf{8}$
1	06 Passfeder N1	kostengünstige Lösung, ungünstige Kerbwirkung		$2\times2=4$	$1\times1=1$	$1\times5=\mathbf{5}$
	07 Distanzhülse	kostengünstige Lösung, keine Kerbwirkung				
	08 Distanzhülse	kostengünstige Lösung, keine Kerbwirkung				
2	09 aufgesetztes Ritzel	kostengünstigste Lösung als lagerhaltiges Zukaufteil		$2\times2=4$	$1\times1=1$	$2\times5=\mathbf{10}$
	10 Passfeder N1	ungünstige Kerbwirkung				
	11 Distanzhülse	kostengünstige Lösung, keine Kerbwirkung				
	12 Distanzhülse	kostengünstige Lösung, keine Kerbwirkung				
2	13 Rillenkugellager	kostengünstigste Wälzlager, geringere Lebensdauer		$2\times2=4$	$1\times1=1$	$2\times5=\mathbf{10}$
1	14 Distanzhülse	kostengünstige Lösung, keine Kerbwirkung		$2\times2=4$	$1\times2=2$	$1\times6=\mathbf{6}$
	15 Sicherungsring	kostengünstig, aber ungünstige Kerbwirkung; hat im Spannungsschatten jedoch keine Auswirkung auf die Festigkeit				
gewählte Variante		**Summe der Wertzahlen W**				**73**

5.3 Konstruktion

5.3.1 Hinweise zur Konstruktion

Die Positionsangaben beziehen sich auf die Bilder 5-6 bis 5-12 sowie die Stückliste (Tab. 5-6).

Der erste Schritt ist der Entwurf der Zwischenwelle Pos 1.1 (Bild 5-12), die mit den beiden Radpaaren die Abmessungen des Getriebes bestimmt. Für die Zwischenwelle wird aus Kostengründen blanker kaltgezogener Rundstahl nach DIN EN 10278 mit dem Durchmesser 40k5 aus E295 nach R/M: TB 1-6 gewählt. Dadurch wird der Fertigungsaufwand minimiert. Um die Biegebelastung der Welle zu minimieren, werden die Abstände zwischen den Zahnrädern und den Lagern klein gehalten.

Die Lager sind nach Bild 5-6 zum Getriebeinnenraum hin mit federnden Abdeckscheiben Pos. 1.11 abgedichtet (Nilos-Ringe, vgl. R/M: TB 19-7). Dadurch wird verhindert, dass das Lagerfett durch die Ölschmierung der Zahnräder ausgespült wird. Die Abdeckscheiben müssen jeweils zwischen den Lagern Pos. 1.4 und den Distanzhülsen Pos. 1.6 festgeklemmt werden (vgl. Hinweis R/M: Kap. 19.3.1 Abschnitt „Abdichtung gegen axiale Flächen" und R/M: Bild 19-21). Dazu werden die Lager und Zahnräder auf der Loslagerseite mit Hilfe der Sechskantschraube Pos. 1.10 und der Scheibe Pos. 1.9 gegen den Sicherungsring gepresst. Auf der Festlagerseite ist die Positionierung über einen Sicherungsring Pos. 1.8 realisiert.

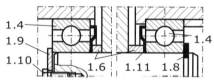

1.4
1.9
1.10
1.6   1.11   1.8
1.4

Bild 5-6 Gestaltung der Lagerung der Zwischenwelle

Als Loslager wird grundsätzlich das Lager mit der geringeren Belastung ausgebildet, um die axiale Belastung der Lager bei der Kompensation der Wärmeausdehnung der Welle gering zu halten. Der Loslagerinnenring mit Umfangslast (vgl. R/M: Kap. 14.2.3-1 „Einbauregel") wird wie zuvor ausgeführt axial durch die Scheibe Pos. 1.9 und die Distanzhülse Pos. 1.6 festgelegt. Die Distanzhülse selbst stützt sich am Zahnrad Pos. 1.2 ab. Der Außenring mit Punktlast wird verschiebbar im Lagergehäuse Pos. 4.5 angeordnet. Das Lagergehäuse ist nach außen mit einem verschraubten Flachdeckel Pos. 4.20 verschlossen, der mit Dichtpaste abgedichtet wird.

Das Festlager Bild 5-7 wird axial innenringseitig durch den Sicherungsring Pos. 1.8 am Wellenende und durch die Distanzhülse Pos. 1.6 festgesetzt. Der Außenring wird mit Hilfe des Lagerdeckels, der mit einem O-Ring Pos. 4.26 abgedichtet wird, gegen den Bohrungsabsatz des Lagergehäuses Pos. 4.6 gepresst. Hier wird als Anschlag kein Sicherungsring eingesetzt, da dessen Bauhöhe einen Einsatz der Abdeckscheiben Pos 1.11 nicht erlauben würde. Die Höhe des Bohrungsabsatzes als Anschlag für das Lager ist nach TB 14-9 festgelegt. Die Lagergehäuse Pos. 4.5 und 4.6 bestehen aus Flachstählen, die mit der Grundplatte Pos. 4.1 verschweißt sind.

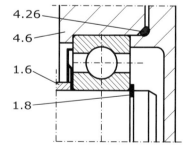

4.26
4.6
1.6
1.8

Bild 5-7 Festlager

Die Durchführungen Pos. 4.7 und 4.8 für die An- und Abtriebswellen bestehen aus dickwandigen nahtlosen Präzisionsstahlrohren mit relativ großem Spiel zu den durchgeführten An- und Abtriebswellen. Dadurch werden Fertigungstoleranzen kompensiert. Die Abdichtung erfolgt über V-Ringdichtungen Pos. 2.5 und 3.3, die mit den Wellen mitlaufen und gegen die drallfrei gefertigten Planflächen der Durchführungen abdichten. Der Dichtring Pos. 2.5 des Antriebs stützt sich auf der Getriebeinnenseite an dem Antriebsritzel Pos. 2.1 ab. Damit er nicht durch die austretende Passfedernut beschädigt wird, ist zwischen dem Ritzel und dem Dichtring eine Stützscheibe Pos. 2.4 angeordnet.

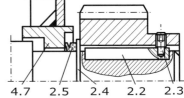

Das Ritzel ist axial durch einen Gewindestift Pos. 2.3 gesichert, der in eine Grundlochbohrung in der Passfeder Pos. 2.2 angreift. Diese Anordnung wird gewählt, da das relativ schmale Ritzel auf der langen genormten Antriebswelle nicht wie auf der Abtriebsseite mit Scheibe und Sechskantschraube gegen einen Wellenabsatz gepresst werden kann.

Bild 5-8 Ritzel mit Antriebswelle

Das Getriebegehäuse wird alternativ zu R/M: Bild 20-25b) nicht als geteiltes Getriebegehäuse konzipiert, sondern mit durchlaufenden Seitenwänden und Deckel. Dies minimiert den Fertigungsaufwand. Die Montage wird nicht wesentlich erschwert, da der Zugriff über den großen Lagerdeckel möglich ist. Die Wandstärken (Lagergehäuse und Verrippung) erfolgen nach R/M: Bild 20-25.

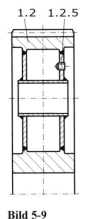

Eine ausreichende Verrippung der Durchführungen ist notwendig, um eine unzulässige Verformung bei der mechanischen Fertigbearbeitung nach dem Schweißen zu vermeiden. Die Gestaltung der Zahnräder wird nach den Empfehlungen R/M: Kap. 20.5.1 „Gestaltungsvorschläge" durchgeführt. Das Zahnrad z_2 Pos. 1.2 wird als Zweischeibenrad ausgebildet mit dem Breiten-Durchmesser-Verhältnis $b/d_a \approx 0{,}2$ (vgl. R/M: Bild 20-19b). Das Abtriebsrad z_4 Pos. 3.1 wird als Vollrad mit dem Breiten-Durchmesser-Verhältnis $b/d_a = 0{,}25$ ausgeführt. Das Zweischeibenrad hat durch sein vergleichsweise geringes Gewicht ein wesentlich geringeres dynamisches Trägheitsmoment. Dies führt bei der Zwischenwelle zu dem Vorteil, dass trotz hoher Drehzahl das Anlaufmoment und damit der Einschaltstrom klein gehalten werden kann. Ein mit Rippen versehenes Einscheibenrad als mögliche Alternative würde bei der vorgesehenen Tauchschmierung und der relativ hohen Drehzahl zu einer größeren Verwirbelung des Schmieröls und damit zu größeren Verlusten führen.

Bild 5-9
Zweischeibenrad

Die Entlüftungsbohrung am Zweischeibenrad (vgl. Bild 5-9) ist notwendig, damit nach dem Schweißen durch die Abkühlung der Innenluft kein Unterdruck entsteht. Dies würde zu einer unzulässigen Belastung des Rades führen. Die Entlüftungsbohrung muss abschließend mit dem Gewindestift Pos. 1.2.5 verschlossen werden. Der Verschluss verhindert das Eintreten von Schmieröl und damit eine Vergrößerung der bewegten Massen.

Die Entfernung des Altöls erfolgt mittels Absaugen durch die Öleinlassöffnung an der Verschlussschraube Pos. 4.24. Um die verbleibende Restölmenge klein zu halten, ist unter der Verschlussschraube eine Vertiefung, der so genannte Ölsumpf, eingearbeitet. Die ausreichende Ölversorgung kann mit Hilfe des Ölschauglases Pos. 4.25 mit einer Maximum- und Minimummarkierung kontrolliert werden.

5.3.2 Zeichnungen

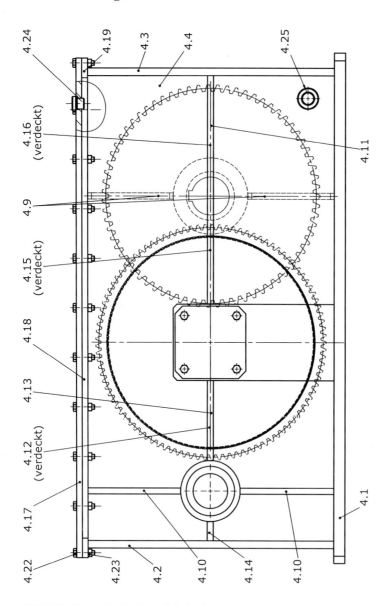

Bild 5-10 Getriebe, Vorderansicht in Querlage

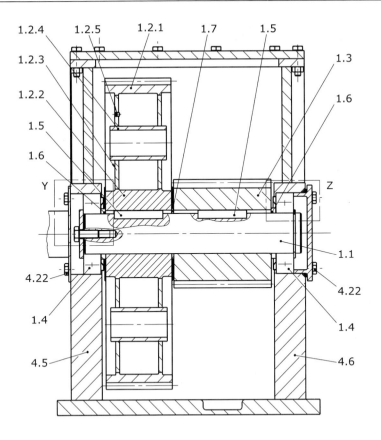

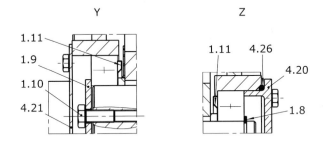

Bild 5-11 Getriebe, Seitenansicht von rechts

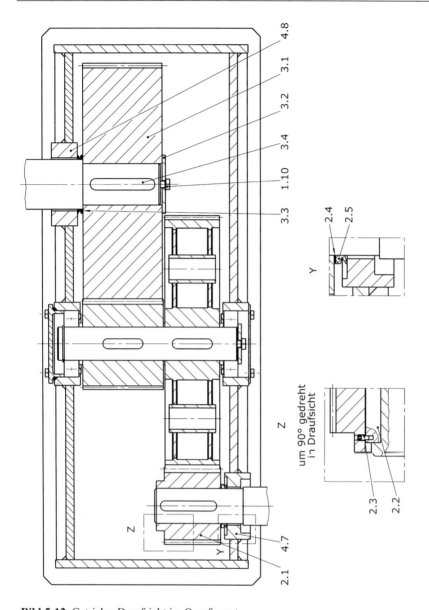

Bild 5-12 Getriebe, Draufsicht im Querformat

Tabelle 5-6 Stückliste

1	2	3	4	5	6
Pos.	Men-ge	Ein-heit	Benennung	Sachnummer/Norm – Kurzbezeichnung	Bemerkung
1	**1**	**Stck**	**Zwischenwelle**		
1.1	1	Stck	Zwischenwelle	Rd. EN 10278-40k5-E295	
1.2	1	Stck	Zahnrad z_2 komplett		
1.2.1	1	Stck	Zahnkranz	m = 3 / z = 101 / b = 68 / EN-GJMB-350	
1.2.2	1	Stck	Nabe	Rohr EN 10220-88,9x25-S235JR	
1.2.3	2	Stck	Scheibe	Bl. 4Bx275x275-S235JR	
1.2.4	4	Stck	Rohr	Rohr EN 10220-33,7x4-S235JR	
1.2.5	1	Stck	Gewindestift	ISO 4026-M4x5-45H-St	
1.3	1	Stck	Ritzel z_3	m = 4 / z = 25 / b = 100 / EN-GJS-400	
1.4	2	Stck	Rillenkugellager	DIN 625-6208	
1.5	2	Stck	Passfeder	DIN 6885-A12x8x50-C45E	
1.6	2	Stck	Distanzhülse	Rohr EN 10305-50-S235JR	
1.7	1	Stck	Stützscheibe	DIN 988-S40x50	
1.8	1	Stck	Sicherungsring	DIN 471-40x1,75	
1.9	1	Stck	Scheibe	Bl. 4Bx48x48-S235JR	
1.10	2	Stck	Sechskantschraube	ISO 4017-M8x20-8.8	
1.11	2	Stck	Abdeckscheibe	Nilos-Ring 40x72,7x3-Lagerreihe 62	
2	**1**	**Stck**	**Ritzel z_1 komplett**		
2.1	1	Stck	Ritzel z_1	m = 3 / z = 29 / b = 70 / EN-GJS-400	
2.2	1	Stck	Passfeder	DIN 6885-A12x8x70-C45E	
2.3	1	Stck	Gewindestift	ISO 4028-M3x6	
2.4	1	Stck	Stützscheibe	DIN 988-S42x52	
2.5	1	Stck	V-Ringdichtung	V-Ring A-36x51x7	
3	**1**	**Stck**	**Zahnrad z_4 komplett**		
3.1	1	Stck	Zahnrad Z4	m = 4 / z = 71 / b = 98 / EN-GJMB-350	
3.2	1	Stck	Scheibe	Blech 4Bx70x70-S235JR	
3.3	1	Stck	V-Ringdichtung	V-Ring A-54x67x7	
3.4	1	Stck	Passfeder	DIN 6885-A14x9x80-C45E	
4	**1**	**Stck**	**Getriebegehäuse**		
4.1	1	Stck	Grundplatte	Bl. 15x270x670-S235JR	
4.2	1	Stck	vordere Wand	Bl. 10x330x610-S235JR	
4.3	1	Stck	hintere Wand	Bl. 10x330x610-S235JR	

				Datum	Name		
			Bearb.	12.04.07	Tt / Fl		Fachschule für Technik Maschinenbautechnik
			Gepr.				
			Norm.				
				Getriebe, komplett		Blatt 1 von 2	
Zust.	Änderung	Datum	Name	(Urspr.)		Ers.f	Ers. d.:

Fortsetzung Tabelle 5-6

1	2	3	4	5	6
Pos.	Men-ge	Ein-heit	Benennung	Sachnummer/Norm – Kurzbezeichnung	Bemerkung
4.4	2	Stck	seitliche Wand	Bl. 10x240x330-S235JR	
4.5	1	Stck	Lagergehäuse Loslager	Fl. 100x32x215-S235JR	
4.6	1	Stck	Lagergehäuse Festlager	Fl. 100x32x215-S235JR	
4.7	1	Stck	Durchführung Antrieb	Rohr EN 10305-80x14,8x32lg-S235JR	
4.8	1	Stck	Durchführung Abtrieb	Rohr EN 10305-100x20,2x32lg-S235JR	
4.9	2	Stck	senkrechte Rippe, h.r.	Fl. 8x12x115lg-S235JR	
4.10	2	Stck	senkrechte Rippe, v.l.	Fl. 8x12x125lg-S235JR	
4.11	1	Stck	lange Rippe, vorne	Fl. 8x12x300lg-S235JR	
4.12	1	Stck	lange Rippe, hinten	Fl. 8x12x210lg-S235JR	
4.13	1	Stck	mittlere Rippe, vorne	Fl. 8x12x105lg-S235JR	
4.14	1	Stck	Rippe, v.l.	Fl. 8x12x25lg-S235JR	
4.15	1	Stck	mittlere Rippe, hinten	Fl. 8x12x92lg-S235JR	
4.16	1	Stck	Rippe, h.r.	Fl. 8x12x108lg-S235JR	
4.17	1	Stck	Gehäusedeckel	Bl. 8x240x656-S235JR	
4.18	2	Stck	Gehäuseflansch, längs	Fl. 26x8x604lg-S235JR	
4.19	2	Stck	Gehäuseflansch, stirn	Fl. 26x8x240lg-S235JR	
4.20	1	Stck	Lagerdeckel	Fl. 90x90x19-S235JR	
4.21	1	Stck	Flachdeckel	Bl. EN 10029-RSt 37-2-5B-S235JR	
4.22	34	Stck	Sechskantschraube	ISO 4017-M6x25-8.8	
4.23	26	Stck	Sechskantmutter	ISO 4032-M6	
4.24	1	Stck	Verschlussschraube	Best.nr. GN-749-M14x1,5A	Fa. Ganter
4.25	1	Stck	Ölschauglas	Best.nr. GN-545.2-15-26-A-RT	Fa. Ganter
4.26	1	Stck	O-Ring	DIN 3771-80x3,55-S-NBR 90	

				Datum	Name	
			Bearb.			Fachschule für Technik Maschinenbautechnik
			Gepr.			
			Norm.			
				Getriebe, komplett		Blatt 2 von 2
Zust.	Änderung	Datum	Name	(Urspr.)		Ers.f Ers. d.:

5.4 Berechnungen

5.4.1 Ermittlung der Getriebedaten

Getriebeplan

Der nachfolgende Getriebeplan stellt als Gesamtübersicht und zur Orientierung die wesentlichen Getriebedaten zusammen. Diese ergeben sich aus den Eingangsbedingungen (vgl. Anforderungsliste Kap. 5.2.1) und den nachfolgenden Berechnungen innerhalb dieses Kapitels. Die Berechnungen erfolgen überwiegend nach R/M: Kap. 21.4.1.

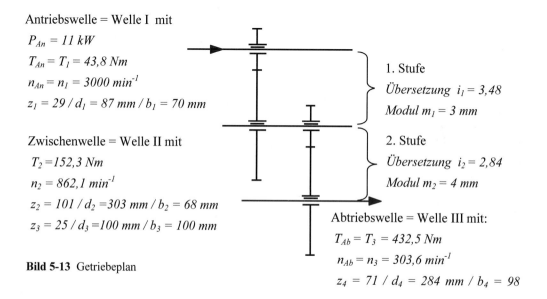

Antriebswelle = Welle I mit

$P_{An} = 11\ kW$

$T_{An} = T_1 = 43{,}8\ Nm$

$n_{An} = n_1 = 3000\ min^{-1}$

$z_1 = 29\ /\ d_1 = 87\ mm\ /\ b_1 = 70\ mm$

1. Stufe
Übersetzung $i_1 = 3{,}48$
Modul $m_1 = 3\ mm$

Zwischenwelle = Welle II mit

$T_2 = 152{,}3\ Nm$

$n_2 = 862{,}1\ min^{-1}$

$z_2 = 101\ /\ d_2 = 303\ mm\ /\ b_2 = 68\ mm$

$z_3 = 25\ /\ d_3 = 100\ mm\ /\ b_3 = 100\ mm$

2. Stufe
Übersetzung $i_2 = 2{,}84$
Modul $m_2 = 4\ mm$

Abtriebswelle = Welle III mit:

$T_{Ab} = T_3 = 432{,}5\ Nm$

$n_{Ab} = n_3 = 303{,}6\ min^{-1}$

$z_4 = 71\ /\ d_4 = 284\ mm\ /\ b_4 = 98$

Bild 5-13 Getriebeplan

Vorläufige Übersetzungsverhältnisse der ersten und zweiten Stufe

Ein Übersetzungsverhältnis $i > 6$ ist wegen daraus resultierenden ungünstigen Betriebsbedingungen zu vermeiden (vgl. Text zu R/M: Kap. 21.4.1-2). Die vorläufige Übersetzung der ersten Stufe wird nach R/M: TB 21-11 festgelegt. Die zweite Stufe wird auf dieser Grundlage berechnet. Um bei unterschiedlichen Modulen m etwa die gleichen Abmessungen der beiden Stufen zu bekommen, muss $i_2 < i_1$ sein, wenn $m_2 > m_1$ ist.

gewählt: $i_1^* = 3{,}5$

vorläufiges Übersetzungsverhältnis der ersten Stufe, zweistufiges Getriebe, nach TB 21-11

$$i_{ges}^* = \frac{n_1}{n_3^*}$$

vorläufige Gesamtübersetzung nach Text zu Gl. (21.62)

$$= \frac{3000\,min^{-1}}{300\,min^{-1}} = 10$$

$n_1 = 3000\,\text{min}^{-1}$ Antriebsdrehzahl, vgl. Aufgabenstellung bzw. TB 16-21

$n_3^* = 300\,\text{min}^{-1}$ gewünschte Abtriebsdrehzahl, vgl. Aufgabenstellung

$i_2^* = \dfrac{i_{\text{ges}}^*}{i_1^*}$ vorläufiges Übersetzungsverhältnis der zweiten Stufe

$\quad = \dfrac{10}{3,5} = 2,86$

Zähnezahl Antriebsritzel

Im Weiteren wird die Zähnezahl z_1 nach TB 21-13a) ungerade mit einem hohen Wert von 29 bestimmt. Als zutreffend für die vorliegende Aufgabenstellung wird als Anwendungsbeispiel der allgemeine Maschinenbau mit kleinen bis mittleren Drehzahlen festgelegt.

Aus TB 21-13b) würde sich mit einer Härte < 230 HB (für Werkstoff EN-GJS-400 lt. Stückliste) und einem Zähneverhältnis $u \approx i = 3,5$ eine Zähnezahl zwischen 25 bis 50 ergeben, die nach Fußnote 1 im oberen Bereich gewählt werden sollte. Die Festlegung mit 29 stellt einen Kompromiss zwischen beiden Werten dar. Eine kleine Zähnezahl führt insgesamt auch zu kleineren Abmaßen der Anschlussbauteile und erweist sich bei ausreichender Sicherheit somit als vorteilhaft.

Bestimmung des Moduls der ersten Stufe

Nach R/M: Bild 21-20 kann der Modul der ersten Stufe auf der Grundlage des bekannten Wellendurchmessers des Antriebsritzels berechnet werden. Alternativ kann die Dimensionierung auch über ein bekanntes Drehmoment und festgelegten Werkstoffdaten erfolgen. Beide Wege werden im Folgenden dargestellt.

$m_1' \approx \dfrac{1,8 \cdot d_{\text{sh1}} \cdot \cos\beta}{(z_1 - 2,5)}$ Ermittlung des Moduls der ersten Stufe bei bekanntem Wellendurchmesser und Ausführung des Ritzels auf der Welle nach Gl. (21.63)

$\quad = \dfrac{1,8 \cdot 42\,\text{mm} \cdot \cos 0°}{(29 - 2,5)} = 2,85\,\text{mm}$

$d_{\text{sh1}} = 42\,\text{mm}$ Wellendurchmesser des gewählten Antriebsmotors nach TB 16-21

$\beta = 0°$ Schrägungswinkel, Geradverzahnung lt. Aufgabenstellung, vgl. R/M: Kap. 21.4.1-5

$z_1 = 29$ Zähnezahl des Antriebsritzels, vgl. Ausführungen zuvor

$$m_1'' \approx 1,85 \cdot \sqrt[3]{\frac{T_1 \cdot \cos^2 \beta}{z_1^2 \cdot \psi_{d1} \cdot \sigma_{F\,lim1}}}$$

Ermittlung des Moduls der ersten Stufe bei bekannten Leistungsdaten und Ritzelwerkstoff, Zahnflanken gehärtet, nach Gl. (21.65)

$$= 1,85 \cdot \sqrt[3]{\frac{43,8 \cdot 10^3\,\mathrm{Nmm} \cdot \cos^2 0°}{29^2 \cdot 0,8 \cdot 185\,\mathrm{Nmm}^{-2}}} = 1,31\,\mathrm{mm}$$

$$T_1 = T_{An} \approx 9550 \cdot \frac{K_A \cdot P_{An}}{n_{An}}$$

Antriebsmoment der Motorwelle nach Gl. (11.11), Einheitenwahl vgl. Legende

$$= 9550 \cdot \frac{1,25 \cdot 11\,\mathrm{kW}}{3000\,\mathrm{min}^{-1}} = 43,8\,\mathrm{Nm}$$

$K_A = 1,25$

Anwendungsfaktor für Zahnradgetriebe mit Elektromotor als Antrieb und mäßigen Stößen nach TB 3-5a)

$P_{An} = 11\,\mathrm{kW}$

Antriebsleistung des Motors nach TB 16-21

$n_{An} = n_1 = 3000\,\mathrm{min}^{-1}$

Antriebsdrehzahl, vgl. Aufgabenstellung und TB 16-21

β, z_1

vgl. Abschnitt zuvor

$\psi_{d1} = 0,8$

Durchmesser-Breitenverhältnis für fliegend angeordnetes Ritzel, normalgeglüht, für Grenzwert HB = 180 gewählt nach TB 21-14a)

$\sigma_{F\,lim1} = 185\,\mathrm{Nmm}^{-2}$

Zahnfußfestigkeit für Ritzelwerkstoff EN-GJS-400 nach TB 20-1

$$m_1'' \approx \frac{95 \cdot \cos \beta}{z_1} \cdot \sqrt[3]{\frac{T_1}{\psi_{d1} \cdot \sigma_{H\,lim}^2} \cdot \frac{u_1 + 1}{u_1}}$$

Ermittlung des Moduls der ersten Stufe bei bekannten Leistungsdaten und Ritzelwerkstoff, Zahnflanken ungehärtet bzw. vergütet, nach Gl. (21.65)

$$= \frac{95 \cdot \cos 0°}{29} \cdot \sqrt[3]{\frac{43,8 \cdot 10^3\,\mathrm{Nmm}}{0,8 \cdot (320\,\mathrm{Nmm}^{-2})^2} \cdot \frac{3,5+1}{3,5}} = 2,89\,\mathrm{mm}$$

$\beta, z_1, T_1, \psi_{d1}, u_1 = i_1^*$

vgl. Abschnitt zuvor

$\sigma_{H\,lim} = 320\,\mathrm{Nmm}^{-2}$

Flankenfestigkeit für den weicheren Werkstoff EN-GJMB-350 von Zahnrad z_2 nach TB 20-1

Die Dimensionierungsrechnungen führen zu unterschiedlichen Größen des Moduls. Wegen der geometrischen Beziehungen führt ein großer Modul zu großen Abmessungen der Bauteile inklusive entsprechender Anbaubauteile. Ein kleiner Modul führt hingegen zu starken Belastungen der Zahnräder und bedingt auf jeden Fall einen Tragfähigkeitsnachweis.

Der Normmodul wird für dieses Getriebe nach TB 21-1 mit $m_1 = 3$ festgelegt. Dies berücksichtigt zudem, dass der Wellendurchmesser des Antriebsmotors vorgegeben ist und auch bei einem konstruktiv möglichen kleineren Zahnrad nicht verkleinert werden kann. Durch die Angleichung des Moduls nach oben kann im Weiteren zu Lasten größerer Dimensionen auf den Tragfähigkeitsnachweis verzichtet werden.

Hinsichtlich der Werkstoffwahl ist das Ritzel mit einer höheren Festigkeit vorzusehen als das Großrad, da es wegen der höheren Drehzahlen die größere Beanspruchung erträgt.

Ritzelmaße am Umfang

$d_1 = z_1 \cdot m_1$ Teilkreisdurchmesser des Ritzel z_1 nach Gl. (21.1)

$\quad = 29 \cdot 3\,\text{mm} = 87\,\text{mm}$

$d_{f1} = d_1 - 2,5 \cdot m_1$ Fußkreisdurchmesser nach abgeleiteter Gl. (21.7)

$\quad = 87\,\text{mm} - 2,5 \cdot 3\,\text{mm} = 79,5\,\text{mm}$

z_1, m_1 Werte vgl. Abschnitt zuvor

Nach TB 12-1a) wird der Nabendurchmesser für eine Passfederverbindung überschlägig ermittelt nach:

$D_N \geq 1,8 \cdot d_{sh}$

$\quad = 1,8 \cdot 42\,\text{mm} = 75,6\,\text{mm} < d_{f1}\ (= 79,5\,\text{mm})$

$d_{sh} = 42\,\text{mm}$ Wellendurchmesser Antriebswelle, vgl. Abschnitte zuvor

Der Nabendurchmesser entspricht bei Ritzeln dem Fußkreisdurchmesser. Auch diese Berechnung zeigt, dass bei üblichen Bedingungen eine besondere Nachrechnung des Zahnrades nicht notwendig ist.

Hinweis: Da der Nabendurchmesser jetzt festgelegt ist, kann wegen der geometrischen Abhängigkeiten der Modul nur noch geändert werden, wenn auch die Zähnezahl entsprechend angepasst wird, vgl. Gl. (21.1).

Bestimmung weiterer Zahnraddaten

$z_2^* = z_1 \cdot i_1^*$ vorläufige Zähnezahl, abgeleitet aus Gl. (21.9)

$\quad = 29 \cdot 3,5 = 101,5$

gewählt: $z_2 = 101$

$z_1 = 29$ Zähnezahl des ersten Ritzels, vgl. Abschnitte vorher

$i_1^* = 3,5$ vorläufiges Übersetzungsverhältnis der ersten Stufe, vgl. Abschnitte zuvor

$$i_1 = \frac{z_2}{z_1}$$

tatsächliches Übersetzungsverhältnis der ersten Stufe nach Gl. (21.9)

$$= \frac{101}{29} \approx 3,48$$

Hinweis: nicht-ganzzahlige Übersetzungen sind zu bevorzugen. Dadurch kommen immer andere Zahnpaare zum Einsatz und gleichen so Fertigungsungenauigkeiten aus.

$$d_2 = z_2 \cdot m_1$$
$$= 101 \cdot 3 \, \text{mm} = 303 \, \text{mm}$$

Teilkreisdurchmesser des Zahnrades z_2 nach Gl. (21.1)

$$m_1 = 3 \, \text{mm}$$

Normmodul der ersten Stufe, vgl. Abschnitte zuvor

$$a_1 = \frac{d_1 + d_2}{2}$$

Achsabstand der Wellen I und II nach Gl. (21.8)

$$= \frac{87 \, \text{mm} + 303 \, \text{mm}}{2} = 195 \, \text{mm}$$

$$d_1 = 87 \, \text{mm}$$

Teilkreisdurchmesser des Ritzel z_1, vgl. zuvor

$$n_2 = \frac{n_1}{i_1}$$

tatsächliche Drehzahl der Welle II nach Gl. (21.9)

$$= \frac{3000 \, \text{min}^{-1}}{3,48} = 862,1 \, \text{min}^{-1}$$

Verzahnungsqualität der ersten Getriebestufe

gewählt: DIN-Qualität 8

Verzahnungsqualität nach TB 21-7b) nach Umfangsgeschwindigkeit am Teilkreis

$$v_1 = \frac{d_1 \cdot \pi \cdot n_1}{1000 \cdot 60}$$

Umfangsgeschwindigkeit am Teilkreis nach allgemeiner Formel für Geschwindigkeit mit d_1 und n_1 aus vorherigen Abschnitten

$$= \frac{87 \, \text{mm} \cdot \pi \cdot 3000 \, \text{min}^{-1}}{1000 \cdot 60} \approx 13,7 \, \text{ms}^{-1}$$

Ermittlung der Zahnradbreiten

$$b_1' = \psi_{d1} \cdot d_1$$
$$= 0,8 \cdot 87 \, \text{mm} = 69,6 \, \text{mm}$$

Ritzelbreite mit Durchmesser-Breitenverhältnis nach Text zu R/M: Kap. 21.4.4

$$\psi_{d1}, d_1$$

Werte vgl. Abschnitte zuvor

$$b_1'' = \psi_{m1} \cdot m_1$$
$$= 20 \cdot 3 \, \text{mm} = 60 \, \text{mm}$$

Ritzelbreite mit Durchmesser-Breitenverhältnis nach Text zu R/M: Kap. 21.4.4

$\psi_{m1} = 20$

Modulbreitenverhältnis, gemittelt nach TB 21-14b) für fliegendes Ritzel

$m_1 = 3\,\text{mm}$

Normmodul, erste Übersetzung, vgl. Abschnitte zuvor

gewählt: $b_1 = 70\,\text{mm}$, $b_2 = 68$ mm

Hinweis: Aus b' und b'' wird ein sinnvolles Breitenmaß für das Ritzel festgelegt. Die Zähne des Ritzels sollen nach R/M: Kap 21.4.4 etwas breiter als die des Rades sein, um Einbauungenauigkeiten in Axialrichtung ausgleichen zu können. Diese ergeben sich beispielsweise aus der Nutbreite und dem jeweils schmaleren Sicherungsring.

Ermittlung des Richtdurchmessers der Zwischenwelle (Welle II)

$$d'_{sh2} = d \approx 3,4 \cdot \sqrt[3]{\frac{M_v}{\sigma_{bD}}}$$

$$= 3,4 \cdot \sqrt[3]{\frac{319,8 \cdot 10^3\,\text{Nmm}}{245\,\text{Nmm}^{-2}}} = 37,2\,\text{mm}$$

gewählt: $d_{sh\,2} = 40$ mm

$M_v \approx 2,1 \cdot T$

$= 2,1 \cdot 152,3\,\text{Nm} = 319,8\,\text{Nm}$

Vergleichsmoment für ‚Lagerabstand relativ groß' wegen der innen liegenden Zahnräder

$T = T_2 \approx 9550 \cdot \dfrac{K_A \cdot P}{n_2}$

$= 9550 \cdot \dfrac{1,25 \cdot 11\,\text{kW}}{862,1\,\text{min}^{-1}} = 152,3\,\text{Nm}$

Torsionsmoment der Welle II nach Gl. (11.11), Einheitenwahl vgl. Legende

$K_A = 1,25$

Anwendungsfaktor, vgl. Abschnitte zuvor

$P = P_{An} = 11\,\text{kW}$

Antriebsleistung des Motors nach TB 16-21

$n_2 = 862,1\,\text{min}^{-1}$

Drehzahl der Welle II, vgl. Abschnitt zuvor

$\sigma_{bD} = \sigma_{bW} = K_t \cdot \sigma_{bWN}$

$= 1,0 \cdot 245\,\text{Nmm}^{-2} = 245\,\text{Nmm}^{-2}$

$K_t = 1,0$

technologischer Größeneinflussfaktor für $d < 100$ mm (geschätzt) nach TB 3-11a), Linie 1

$\sigma_{bWN} = 245\,\text{Nmm}^{-2}$

Biegewechselfestigkeit für E295 nach TB 1-1

Bestimmung des Moduls der zweiten Stufe

$$m_2' \approx \frac{1,8 \cdot d_{\text{sh}\,2} \cdot \cos \beta}{(z_3 - 2,5)}$$

Ermittlung des Moduls der zweiten Stufe bei bekanntem Wellendurchmesser und Ausführung des Ritzels auf der Welle nach Gl. (21.63)

$$= \frac{1,8 \cdot 40\,\text{mm} \cdot \cos 0°}{(25 - 2,5)} = 3,20\,\text{mm}$$

$d_{\text{sh}\,2} = 40\,\text{mm}$

Durchmesser der Welle II, vgl. Abschnitt zuvor

$\beta = 0°$

Schrägungswinkel, Geradverzahnung lt. Aufgabenstellung, vgl. R/M: Kap. 21.4.1-5

$z_3 = 25$

Zähnezahl nach TB 21-13a), zur Festlegung vgl. auch Ausführungen Abschnitt zuvor

$$m_2'' \approx 1,85 \cdot \sqrt[3]{\frac{T_2 \cdot \cos^2 \beta}{z_3^2 \cdot \psi_{\text{d}3} \cdot \sigma_{\text{F lim}3}}}$$

Ermittlung des Moduls der zweiten Stufe bei bekanntem Leistungsdaten und Ritzelwerkstoff, Zahnflanken gehärtet, nach Gl. (21.65)

$$= 1,85 \cdot \sqrt[3]{\frac{152,3 \cdot 10^3\,\text{Nmm} \cdot \cos^2 0°}{25^2 \cdot 1,3 \cdot 185\,\text{Nmm}^{-2}}} = 1,86\,\text{mm}$$

$T_2 = 152,3\,\text{Nm}$

Torsionsmoment der Welle II, vgl. Abschnitt zuvor

β, z_3

vgl. Rechnung zuvor

$\psi_{\text{d}3} = 1,3$

Durchmesser-Breitenverhältnis für unsymmetrisch angeordnetes Ritzel, normalgeglüht, für Grenzwert HB = 180 gewählt nach TB 21-14a)

$\sigma_{\text{F lim}3} = 185\,\text{Nmm}^{-2}$

Zahnfußfestigkeit für Ritzelwerkstoff EN-GJS-400 nach TB 20-1

$$m_2''' \approx \frac{95 \cdot \cos \beta}{z_3} \cdot \sqrt[3]{\frac{T_2}{\psi_{\text{d}3} \cdot \sigma_{\text{H lim}}^2} \cdot \frac{u_2 + 1}{u_2}}$$

Ermittlung des Moduls der zweiten Stufe bei bekanntem Leistungsdaten und Ritzelwerkstoff, Zahnflanken ungehärtet bzw. vergütet, nach Gl. (21.65)

$$= \frac{95 \cdot \cos 0°}{25} \cdot \sqrt[3]{\frac{152,3 \cdot 10^3\,\text{Nmm}}{1,3 \cdot (320\,\text{Nmm}^{-2})^2} \cdot \frac{2,86 + 1}{2,86}} = 4,39\,\text{mm}$$

gewählt nach TB 21-1: $m_2 = 4$ mm

$$\beta, z_3, T_2, \psi_{d3}, u_2 = i_2^*$$ vgl. Abschnitte zuvor

$$\sigma_{H\,lim} = 320\,Nmm^{-2}$$ Flankenfestigkeit für den weicheren Werkstoff
                                                            EN-GJMB-350 von Ritzel z_4 nach TB 20-1

Hinweis: Der Ritzel-Werkstoff wurde so gewählt, dass der ermittelte Modul *m* kleiner als der
notwendige Modul ausfiel, der die Einhaltung des Richtdurchmessers garantiert ($m_2 > m_1$, da
$M_2 > M_1$).

Verzahnungsqualität der zweiten Getriebestufe

gewählt: DIN-Qualität 9   Verzahnungsqualität nach TB 21-7b) nach Um-
                                                 fangsgeschwindigkeit am Teilkreis, gemittelt

$$v_2 = \frac{d_3 \cdot \pi \cdot n_2}{1000 \cdot 60}$$ Umfangsgeschwindigkeit am Teilkreis nach
                                                 allgemeiner Formel für Geschwindigkeit

$$= \frac{100\,mm \cdot \pi \cdot 862,1\,min^{-1}}{1000 \cdot 60} \approx 4,5\,ms^{-1}$$

$$d_3 = m_2 \cdot z_3$$ Teilkreisdurchmesser des Ritzel z_3 nach
$$= 4\,mm \cdot 25 = 100\,mm$$ Gl. (21.1)

$$m_2, z_3, n_2$$ vgl. Abschnitte zuvor

Ermittlung der Zahnradbreiten

$$b_3' = \psi_{d3}\ d_3$$ Ritzelbreite mit Durchmesser-Breitenverhältnis
$$= 1,3 \cdot 100\,mm = 130,0\,mm$$ nach Text zu R/M: Kap. 21.4.4

$$\psi_{d3}, d_3$$ Werte vgl. Abschnitte zuvor

$$b_3'' = \psi_{m3} \cdot m_2$$ Ritzelbreite mit Durchmesser-Breitenverhältnis
$$= 25 \cdot 4\,mm = 100\,mm$$ nach Text zu R/M: Kap. 21.4.4

$$\psi_{m3} = 25$$ Modulbreitenverhältnis für unsymmetrisch an-
                                                 geordnetes Ritzel nach TB 21-14b)

$$m_2 = 4\,mm$$ Modul der zweiten Übersetzung,
                                                 vgl. Abschnitte zuvor

gewählt: $b_3 = 100$ mm, $b_4 = 98$ mm

Hinweis: Aus *b'* und *b''* wird ein sinnvolles Breitenmaß für das Ritzel festgelegt. Die Zähne
des Ritzels sollen nach R/M: Kap 21.4.4 etwas breiter als die des Rades sein, um Einbauungenauigkeiten in Axialrichtung ausgleichen zu können.

Bestimmung weiterer Zahnraddaten

$z_4 = i_2^* \cdot z_3$

$\quad = 2,86 \cdot 25 = 71,5$

vorläufige Zähnezahl, abgeleitet aus Gl. (21.9)

gewählt: $z_4 = 71$

$i_2^* = 2,86$

vorläufiges Übersetzungsverhältnis, vgl. Kap. 5.4.1

$z_3 = 25$

Zähnezahl des zweiten Ritzels, vgl. Abschnitte vorher

$i_2 = \dfrac{z_4}{z_3}$

$\quad = \dfrac{71}{25} \approx 2,84$

tatsächliches Übersetzungsverhältnis der ersten Stufe nach Gl. (21.9)

$d_4 = m_2 \cdot z_4$

$\quad = 4\,\text{mm} \cdot 71 = 284\,\text{mm}$

Teilkreisdurchmesser des Zahnrades z_4 nach Gl. (21.1)

$i_{\text{ges}} = i_1 \cdot i_2$

$\quad = 3,48 \cdot 2,84 = 9,88$

tatsächliche Gesamtübersetzung nach Gl. (21.62)

$n_3 = \dfrac{n_2}{i_2}$

$\quad = \dfrac{862,1\,\text{min}^{-1}}{2,84} = 303,6\,\text{min}^{-1}$

tatsächliche Drehzahl der Welle III nach Gl. (21.9)

$T_3 = T_{\text{Ab}} = T_2 \cdot i_2$

$\quad = 152,3\,\text{Nmm}^{-2} \cdot 2,84 = 432,5\,\text{Nmm}^{-2}$

Torsionsmoment der Welle III mit T_2 und i_2 aus vorhergehenden Abschnitten

$a_2 = \dfrac{d_3 + d_4}{2}$

$\quad = \dfrac{100\,\text{mm} + 284\,\text{mm}}{2} = 192\,\text{mm}$

Achsabstand der Wellen II und III nach Gl. (21.8)

Ermittlung des Getriebewirkungsgrades

nach R/M: Kap. 20.4

$$\eta_{ges} = \eta_{Zges} \cdot \eta_{Lges} \cdot \eta_{Dges}$$

$$= 0,99^2 \cdot 0,99 \cdot 0,98^2 = 0,93$$

Gesamtwirkungsgrad nach Gl. (20.5)

$$\eta_{Zges} = \eta_Z^2 = 0,99^2$$

Verzahnungswirkungsgrad für zweistufiges Gerad-Stirnradgetriebe nach Text zu Gl. (20.5)

$$\eta_{Lges} = \eta_L = 0,99$$

Wirkungsgrad für Lagerung einer Welle mit zwei Wälzlagern

$$\eta_{Dges} = \eta_D^2 = 0,98$$

Wirkungsgrad für Dichtung von zwei Wellen (An-/Abtrieb) einschließlich Schmierung

5.4.2 Bestimmung der Kräfte an der Zwischenwelle

Biegemomentverlauf in den Ebenen

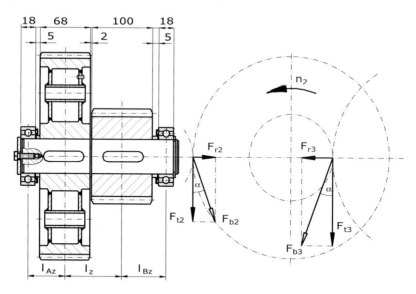

Bild 5-14 Zwischenwelle

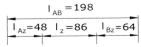

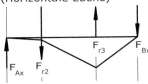

Biegemomentenbelastung
in der x-Ebene
(Horizontale Ebene)

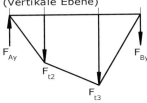

Biegemomentenbelastung
in der y-Ebene
(Vertikale Ebene)

Bild 5-15 Biegemomentenverlauf in der Zwischenwelle (Ebenenzuordnung vgl. R/M: Bild 11-19)

Abmessungen der Normelemente:

Rillenkugellager 6208 nach TB 14-1
Wellendurchmesser $d = 40$ k5
Außendurchmesser $D = 80$ mm
Lagerbreite $B = 18$ mm
Radius $r_{1s} = 1,1$ mm

Passfeder DIN 6885 T1 nach TB 12-2a)
Breite x Höhe = $b \times h = 12$ mm x 8 mm
Wellen-Nuttiefe $t_1 = 5$ mm

Nilosring nach TB 19-7a)
Höhenmaß $h = 3$ mm für Lagerreihe 62

Bestimmung der Zahnkräfte

$$F_{t2} = \frac{2 \cdot T_2}{d_2}$$

Nennumfangskraft (Tangentialkraft) am Betriebsnennkreis am Zahnrad 2 nach Gl. (21.67)

$$= \frac{2 \cdot 152,3 \cdot 10^3 \, \text{Nmm}}{303 \, \text{mm}} \approx 1,01 \text{kN}$$

$$T_2 = 152,3 \cdot 10^3 \, \text{Nmm}$$

Torsionsmoment am Zahnrad 2,
vgl. Kap. 5.4.1

$$d_2 = 303 \, \text{mm}$$

Teilkreisdurchmesser am Zahnrad 2,
vgl. Kap. 5.4.1

$$F_{r2} = F_{t2} \cdot \tan \alpha$$

Radialkraft am Zahnrad 2 nach Gl. (21.69)

$$= 1,01 \text{kN} \cdot \tan 20° \approx 0,37 \, \text{kN}$$

$$\alpha = 20°$$

Eingriffswinkel für Null-Getriebe

$$F_{b2} = \sqrt{F_{t2}^2 + F_{r2}^2}$$

Zahnnormalkraft als Resultierende

$$= \sqrt{1,01^2 \text{kN}^2 + 0,37^2 \text{kN}^2} = 1,08 \text{kN}$$

$$F_{t3} = \frac{2 \cdot T_2}{d_3}$$

Nennumfangskraft (Tangentialkraft) am Betriebsnennkreis am Zahnrad 3 nach Gl. (21.67)

$$= \frac{2 \cdot 152,3 \cdot 10^3 \, \text{Nmm}}{100 \, \text{mm}} \approx 3,05 \, \text{kN}$$

$d_3 = 100 \, \text{mm}$

Teilkreisdurchmesser am Zahnrad 3, vgl. Kap. 5.4.1

$$F_{r3} = F_{t3} \cdot \tan \alpha$$

Radialkraft am Zahnrad 3 nach Gl. (21.69)

$$= 3,05 \, \text{kN} \cdot \tan 20° \approx 1,11 \, \text{kN}$$

$$F_{b3} = \sqrt{F_{t3}^2 + F_{r3}^2}$$

Zahnnormalkraft als Resultierende

$$= \sqrt{3,05^2 \, \text{kN}^2 + 1,11^2 \, \text{kN}^2} = 3,25 \, \text{kN}$$

Bestimmung der Lagerkräfte

Betrachtung in x-Ebene (vgl. Bild 5-14 und Bild 5-15)

$$\sum M_{Ax} = 0 = -F_{r2} \cdot l_{Az} + F_{r3} \cdot (l_{Az} + l_z) - F_{Bx} \cdot (l_{Az} + l_z + l_{Bz})$$

$$\rightarrow F_{Bx} = \frac{-F_{r2} \cdot l_{Az} + F_{r3} \cdot (l_{Az} + l_z)}{(l_{Az} + l_z + l_{Bz})}$$

$$= \frac{-0,37 \, \text{kN} \cdot 48 \, \text{mm} + 1,11 \, \text{kN} \cdot (48 \, \text{mm} + 86 \, \text{mm})}{(48 \, \text{mm} + 86 \, \text{mm} + 64 \, \text{mm})} = 0,66 \, \text{kN}$$

$$\sum F_x = 0 = F_{Ax} - F_{r2} + F_{r3} - F_{Bx}$$

$$\rightarrow F_{Ax} = F_{r2} - F_{r3} + F_{Bx}$$

$$= 0,37 \, \text{kN} - 1,11 \, \text{kN} + 0,66 \, \text{kN} = -0,08 \, \text{kN}$$

Hinweis: Durch das negative Ergebnis kehrt sich die Vektorrichtung von F_{Ax} in Bild 5-15 um.

Betrachtung in y-Ebene (vgl. Bild 5-14 und Bild 5-15)

$$\sum M_{Ay} = 0 = -F_{t2} \cdot l_{Az} - F_{t3} \cdot (l_{Az} + l_z) + F_{By} \cdot (l_{Az} + l_z + l_{Bz})$$

$$\rightarrow F_{By} = \frac{F_{t2} \cdot l_{Az} + F_{t3} \cdot (l_{Az} + l_z)}{(l_{Az} + l_z + l_{Bz})}$$

$$= \frac{1,01 \, \text{kN} \cdot 48 \, \text{mm} + 3,05 \, \text{kN} \cdot (48 \, \text{mm} + 86 \, \text{mm})}{(48 \, \text{mm} + 86 \, \text{mm} + 64 \, \text{mm})} = 2,31 \, \text{kN}$$

$$\sum F_y = 0 = F_{Ay} - F_{t2} - F_{t3} + F_{By}$$

$$\rightarrow F_{Ay} = F_{t2} + F_{t3} - F_{By}$$

$$= 1,01 \, \text{kN} + 3,05 \, \text{kN} - 2,31 \, \text{kN} = 1,75 \, \text{kN}$$

resultierende Lagerkräfte

$$F_A = \sqrt{F_{Ax}^2 + F_{Ay}^2}$$
$$= \sqrt{(-0,08)^2\,\text{kN}^2 + 1,75^2\,\text{kN}^2} \approx 1,75\,\text{kN}$$

$$F_B = \sqrt{F_{Bx}^2 + F_{By}^2}$$
$$= \sqrt{0,66^2\,\text{kN}^2 + 2,31^2\,\text{kN}^2} \approx 2,40\,\text{kN}$$

5.4.3 Auslegung der Wälzlager

$$C_{erf} \geq P \cdot \frac{f_L}{f_n}$$

erforderliche dynamische Tragzahl nach Gl. (14.1)

$$= 2,40\,\text{kN} \cdot \frac{2,75}{0,35} \approx 18,9\,\text{kN} < C_{6208}\ (= 29,0\,\text{kN})$$

$P = F_{max} = F_B = 2,46\,\text{kN}$ äquivalente Lagerbelastung (keine Axialkomponente)

$f_L = 2,75$ Lebensdauerfaktor für Universalgetriebe nach TB 14-7 bzw. für eine Lebensdauer von ca. 10 000 h nach TB 14-5

$f_n = 0,35$ Drehzahlfaktor für $n_2 = 862,1\,\text{min}^{-1}$, vgl. Kap 5.4.2

$C_{6208} = 29,0\,\text{kN}$ dynamische Tragzahl für Lager 6208 nach TB 14-2

Hinweis: Die dynamische Auslegung ist hinreichend, da im Stillstand keine Kräfte wirken.

5.4.4 Festigkeitsnachweis der Zwischenwelle (Pos. 1.1)

Statischer Festigkeitsnachweis

Hinweis: Da das Anlaufmoment des Motors unbekannt ist gelten die Annahmen gemäß Hinweis in Kap. 1.4.3. Der errechnete statische Sicherheitswert lässt ein Anlaufen unter Last zu.

$$S_F = \cfrac{1}{\sqrt{\left(\dfrac{\sigma_{b\,max}}{\sigma_{bF}}\right)^2 + \left(\dfrac{\tau_{t\,max}}{\tau_{tF}}\right)^2}} \geq S_{F\,min}$$ Sicherheit gegen Fließen nach R/M Bild 11-23

$$= \cfrac{1}{\sqrt{\left(\dfrac{30,3\,\text{Nmm}^{-2}}{343,4\,\text{Nmm}^{-2}}\right)^2 + \left(\dfrac{17,8\,\text{Nmm}^{-2}}{198,3\,\text{Nmm}^{-2}}\right)^2}} \approx 7,9 > S_{F\,min}\ (=1,5)$$

$$\sigma_{b\,max} = \frac{M_{max}}{W_b}$$ maximale Biegespannung

$$= \frac{153,60 \cdot 10^3 \,\text{Nmm}}{5062,5\,\text{mm}^3} = 30,3\,\text{Nmm}^{-2}$$

$$M_{max} = F_B \cdot l_{BZ}$$ maximales Biegemoment, vgl. Bild 5-15

$$= 2,40\,\text{kN} \cdot 64\,\text{mm} = 153,60\,\text{Nm}$$

$$F_B = 2,40\,\text{kN}$$ Lagerkraft, vgl. Kap. 5.4.2

$$l_{BZ} = 64\,\text{mm}$$ Hebelarm bis Mitte Ritzel, vgl. Bild 5.4.2

$$W_b = 0,012 \cdot (D+d)^3$$ axiales Widerstandsmoment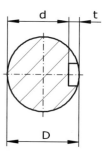
                                      nach TB 11-3, vgl. Bild 5-16

$$= 0,012 \cdot (40\,\text{mm} + 35\,\text{mm})^3 = 5062,5\,\text{mm}^3$$

$$D = 40\,\text{mm}$$ Wellendurchmesser

$$d = D - t$$

$$= 40\,\text{mm} - 5\,\text{mm} = 35\,\text{mm}$$

$$t = t_1 = 5\,\text{mm}$$ Nuttiefe nach TB 12-2a)

Bild 5-16 Wellenquerschnitt im Biegemaximum

$$\tau_{t\,max} = \frac{T_{max}}{W_t}$$ maximale Torsionsspannung

$$= \frac{152,3 \cdot 10^3 \,\text{Nmm}}{8575,0 \,\text{mm}^3} \approx 17,8\,\text{Nmm}^{-2}$$

$$T_{max} = T_2 = 152,3 \cdot 10^3 \,\text{Nmm}$$ Torsionsmoment der Zwischenwelle, vgl. Kap. 5.4.1

$$W_t = 0,2 \cdot d^3$$ polares Widerstandsmoment nach TB 11-3

$$= 0,2 \cdot 35^3 \,\text{mm}^3 = 8575,0\,\text{mm}^3$$

$$\sigma_{bF} = 1,2 \cdot R_{p0,2N} \cdot K_t$$ Biege-Fließgrenze nach R/M: Bild 11-23

$$= 1,2 \cdot 295\,\text{Nmm}^{-2} \cdot 0,97 = 343,4\,\text{Nmm}^{-2}$$

$$R_{p0,2N} = 295\,\text{Nmm}^{-2}$$ Dehngrenze für E295 nach TB 1-1

$$K_t \approx 0,97$$ technologischer Größeneinflussfaktor für $d = 40$ mm nach TB 3-11a), Linie 2

$$\tau_{tF} = \frac{1,2 \cdot R_{p0,2N} \cdot K_t}{\sqrt{3}}$$

Torsions-Fließgrenze nach R/M:
Bild 11-23

$$= \frac{1,2 \cdot 295\,\text{Nmm}^{-2} \cdot 0,97}{\sqrt{3}} = 198,3\,\text{Nmm}^{-2}$$

$$S_{F\min} = 1,5$$

Mindestsicherheit gegen Fließen nach
TB 3-14a)

Dynamischer Sicherheitsnachweis

Nachfolgend ist der ausführliche Nachweis nach R/M: Bild 3-32 für den Überlastungsfall 2 (vgl. R/M: Kap. 3.5.2-2) in Anlehnung an das Berechnungsbeispiel R/M: Kap. 3.8 Beispiel 3.4b) dargestellt. Wegen des rein statischen Auftretens der Torsionsbelastung fällt der entsprechende Ausdruck im Sicherheitsnachweis weg.

$$S_D = \frac{1}{\sqrt{\dfrac{\sigma_{ba}}{\sigma_{bGA}}^2 + \dfrac{\tau_{ta}}{\tau_{tGA}}^2}}$$

Sicherheit gegen Dauerbruch nach R/M: Bild 3-32

$$\rightarrow S_D = \frac{\sigma_{bGA}}{\sigma_{ba}} \geq S_{D\,erf}$$

$$= \frac{107,8\,\text{Nmm}^{-2}}{30,3\,\text{Nmm}^{-2}} \approx 3,6 > S_{D\,erf}\ (= 1,5)$$

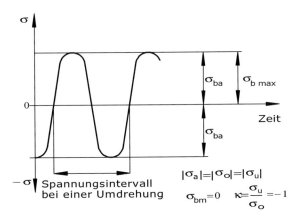

$$|\sigma_a| = |\sigma_o| = |\sigma_u|$$

$$\sigma_{bm} = 0 \qquad \kappa = \frac{\sigma_u}{\sigma_o} = -1$$

Bild 5-17
Spannungsverlauf der Biegewechselspannung

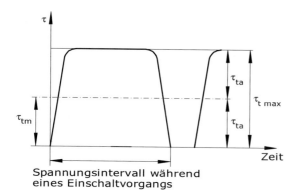

Bild 5-18 Spannungsverlauf der schwellenden Torsions-Spannung (Aussetzbetrieb, eine Drehrichtung)

Spannungsintervall während eines Einschaltvorgangs

$$\sigma_{bGA} = \frac{\sigma_{bGW}}{1 + \psi_\sigma \cdot \dfrac{\sigma_{mv}}{\sigma_{ba}}}$$

Gestaltsausschlagfestigkeit für den Überlastungsfall 2 (Mittelspannung $\sigma_{bm} = 0$, für wechselnde Biegespannung mit dem Spannungsverhältnis $\kappa = -1 =$ konst.) nach Gl. 3.18b), s. hierzu auch R/M: Bild 3-7

$$= \frac{115,6\,\text{Nmm}^{-2}}{1 + 0,0715 \cdot \dfrac{30,8\,\text{Nmm}^{-2}}{30,3\,\text{Nmm}^{-2}}} \approx 107,8\,\text{Nmm}^{-2}$$

$$\sigma_{bGW} = \frac{K_t \cdot \sigma_{bWN}}{K_{Db}}$$

Gestaltdauerfestigkeit für wechselnd auftretende Biegung nach R/M: Bild 3-32

$$= \frac{1,0 \cdot 245\,\text{Nmm}^{-2}}{2,12} \approx 115,6\,\text{Nmm}^{-2}$$

$K_t = 1,0$

technologischer Größeneinflussfaktor für $d = 40$ mm nach TB 3-11a), Linie 1

$\sigma_{bWN} = 245\,\text{Nmm}^{-2}$

Biegewechselfestigkeit für E295 nach TB 1-1

$$K_{Db} = \left(\frac{\beta_{kb}}{K_g} + \frac{1}{K_{O\sigma}} - 1 \right) \frac{1}{K_V}$$

Konstruktionsfaktor für Biegung nach Gl. (3.16)

$$= \left(\frac{1,8}{0,88} + \frac{1}{0,93} - 1 \right) \frac{1}{1,0} = 2,12$$

$\beta_{kb} \approx 1,8$ Kerbwirkungszahl für Biegung für DIN 6885 Nut-form N1, $R_m = R_{mN} = 490\,\mathrm{Nmm^{-2}}$ nach TB 3-9b)

$K_g \approx 0,88$ geometrische Größeneinflussfaktor für $d = 40$ mm nach TB 3-11b)

$K_{O\sigma} \approx 0,93$ Einflussfaktor der Oberflächenrauheit für $R_z = 6,3\,\mu\mathrm{m}$ und $R_m = R_{mN} = 490\,\mathrm{Nmm^{-2}}$ nach TB 3-10a)

$K_V = 1,0$ Einflussfaktor für Oberflächenverfestigung nach TB 3-12, keine Einflüsse genannt

$$\psi_\sigma = \alpha_M \cdot R_m + b_M$$
$$= 0,00035\,\mathrm{mm^2 N^{-1}} \cdot 490\,\mathrm{Nmm^{-2}} + (-0,1) = 0,0715$$

Mittelspannungsempfindlichkeit nach Gl. (3.19)

$\alpha_M = 0,00035\,\mathrm{mm^2 N^{-1}}$

$b_M = -0,1$

Faktoren zur Berechnung der Mittelspannungsempfindlichkeit für Walzstahl nach TB 3-13

$R_m = R_{mN} = 490\,\mathrm{Nmm^{-2}}$ Zugfestigkeit für E295 bei $K_t = 1,0$

$$\sigma_{mv} = \sqrt{(\sigma_{zdm} + \sigma_{bm})^2 + 3 \cdot \tau_{tm}^2}$$

Vergleichsmittelspannung nach der GEH für Walzstähle nach Gl. (3.20)

$$= \sqrt{(0\,\mathrm{Nmm^{-2}})^2 + 3 \cdot (17,8\,\mathrm{Nmm^{-2}})^2} \approx 30,8\,\mathrm{Nmm^{-2}}$$

$\sigma_{zdm} = 0$ keine Zug-Druckanteile vorhanden

$\sigma_{bm} = 0$ Biegemittelspannung, vgl. Bild 5-17

$\tau_{tm} = \tau_{t\,max} = 17,8\,\mathrm{Nmm^{-2}}$ Torsionsmittelspannung, vgl. Abschnitt zuvor

$\sigma_{ba} = \sigma_{b\,max} = 30,3\,\mathrm{Nmm^{-2}}$ Ausschlagsspannung der Biegebelastung, vgl. Abschnitt zuvor

$S_{Derf} = 1,5$ Mindest-Sicherheitswert nach TB 3-14a)

Hinweis: Ein weiterer Festigkeitsnachweis ist für die Zwischenwelle nicht notwendig, da an dieser Stelle die Biegespannung, die Torsionsspannung und die Kerbwirkung die maximalen Werte haben.

5.4.5 Festigkeitsnachweis für die Passfeder (Pos. 2.2) der Antriebswelle

$$p_\mathrm{m} = \frac{2 \cdot T \cdot K_\lambda}{d \cdot h' \cdot l' \cdot n \cdot \varphi} \leq p_\mathrm{zul}$$ Ermittlung der Flächenpressung nach Gl. (12.1)

$$= \frac{2 \cdot 43{,}8 \cdot 10^3\,\mathrm{Nmm} \cdot 1{,}23}{42\,\mathrm{mm} \cdot 3{,}6\,\mathrm{mm} \cdot 54{,}6\,\mathrm{mm} \cdot 1 \cdot 1} = 13{,}1\,\mathrm{Nmm}^{-2} < p_\mathrm{zul}\ (= 336{,}0\,\mathrm{Nmm}^{-2})$$

$T = T_\mathrm{An} = 43{,}8\,\mathrm{Nm}$ Antriebsmoment, vgl. Kap. 5.4.1

$K_\lambda = K_\lambda' = 1{,}23$ Lastverteilungsfaktor nach TB
12-2c) für $l'/d = 58\,\mathrm{mm}\ /\ 42\,\mathrm{mm}$
$\approx 1{,}4$, Methode B, Einbaufall b)
vgl. R/M: Bild 12-4b); l bzw. $n = 1$

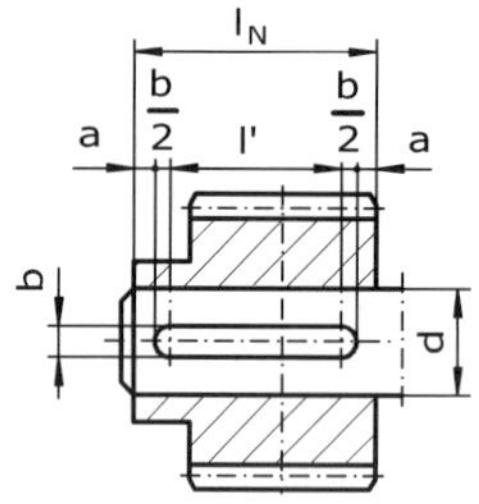

Bild 5-19 Anordnung des Antriebritzels

$\begin{aligned} l' &= l - b \\ &= 70\,\mathrm{mm} - 12\,\mathrm{mm} = 58\,\mathrm{mm} \end{aligned}$ tragende Länge der Passfeder, vgl. Hinweis zu Gl. (12.1)

$\begin{aligned} l &= l_\mathrm{N} - 2 \cdot a \\ &= 80\,\mathrm{mm} - 2 \cdot 5\,\mathrm{mm} = 70\,\mathrm{mm} \end{aligned}$ Länge der Passfeder, vgl. auch Vorzugsreihe nach TB 12-2a)

$l_\mathrm{N} = 80\,\mathrm{mm}$ Nabenlänge des Ritzels (Ritzelbreite + Absatz)

$\begin{aligned} l' &\leq 1{,}3 \cdot d \\ &\leq 1{,}3 \cdot 42\,\mathrm{mm} = 54{,}6\,\mathrm{mm} \end{aligned}$ tragende Länge für Berechnung (Grenzkriterium), vgl. Ausführungen Legende Gl. (12.1)

$a = 5\,\mathrm{mm}$ Randabstand Nabenrand-Passfeder, frei gewählt

$b = 12\,\mathrm{mm}$ Breite der Passfeder nach TB 12-2a)

$d = 42\,\mathrm{mm}$ Wellendurchmesser des Antriebmotors, vgl. TB 16-21

$\begin{aligned} h' &= 0{,}45 \cdot h \\ &= 0{,}45 \cdot 8\,\mathrm{mm} = 3{,}6\,\mathrm{mm} \end{aligned}$ tragende Passfederhöhe, vgl. Legende Gl. (12.1)

$h = 8\,\mathrm{mm}$ Passfederhöhe nach TB 12-2a) für $d = 42$ mm

$n = 1$ Zahl der Passfedern

$\varphi = 1$ Tragfaktor für eine Passfeder

$p_\mathrm{zul} = \dfrac{f_\mathrm{S} \cdot R_\mathrm{m}}{S_\mathrm{B}}$ zulässige Flächenpressung des schwächeren Werkstoffs (hier: Nabe)

$$= \frac{1,5 \cdot 392,0 \, \text{Nmm}^{-2}}{1,75} = 336,0 \, \text{Nmm}^{-2}$$

$f_S = 1,5$ Stützfaktor für die Nabe nach TB 12-2d)

$R_m = K_t \cdot R_{mN}$ Dehngrenze für Zahnrad z_4

$$= 0,98 \cdot 400 \, \text{Nmm}^{-2} = 392,0 \, \text{Nmm}^{-2}$$

$K_t = 0,98$ techn. Größeneinflussfaktor für Nabendurchmesser $d_1 = 87$ mm (vgl. Kap. 5.4.1) nach TB 3-11b), Linie 3, TB 3-11e) bleibt unberücksichtigt

$R_{mN} = 400 \, \text{Nmm}^{-2}$ Dehngrenze für EN-GJS-400 nach TB 1-2

$S_B = 1,75$ gemittelte Sicherheit nach TB 12-1b)

5.4.6 Verformung der Zwischenwelle

Durchbiegung

Die größte Durchbiegung wird entsprechend den Auflagerreaktionen am Ritzel z_3 stattfinden. Die Durchbiegung wird für die x- und y-Ebene getrennt ermittelt (vgl. Bild 5-15). Daraus wird die resultierende Durchbiegung berechnet.

$$f_x = \frac{F_{r3} \cdot a^2 \cdot b^2}{3 \cdot E \cdot I \cdot l}$$ Durchbiegung für Belastungsfall 2 in x-Ebene nach TB 11-6

$$= \frac{1,11 \, \text{kN} \cdot 86^2 \cdot 64^2}{3 \cdot 210 \, \text{kNmm}^{-2} \cdot 12,57 \cdot 10^4 \, \text{mm}^4 \cdot 150 \, \text{mm}} = 0,0028 \, \text{mm}$$

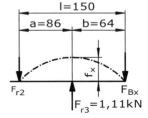

Bild 5-20 Durchbiegung der Welle in der x-Ebene

$$f_y = \frac{F_{t3} \cdot a^2 \cdot b^2}{3 \cdot E \cdot I \cdot l}$$ Durchbiegung für Belastungsfall 2 in y-Ebene nach TB 11-3

$$= \frac{3,05 \, \text{kN} \cdot 86^2 \cdot 64^2}{3 \cdot 210 \, \text{kNmm}^{-2} \cdot 12,57 \cdot 10^4 \, \text{mm}^4 \cdot 150 \, \text{mm}} = 0,0078 \, \text{mm}$$

F_{r3}, F_{t3}, a, b, l Werte vgl. Bild 5-15

$E = 210 \, \text{kNmm}^{-2}$ E-Modul für E295 nach Kopfzeile in TB 1-1

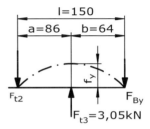

Bild 5-21 Durchbiegung der Welle in der y-Ebene

$$I = \frac{\pi}{64} \cdot d^4$$

Flächenmoment 2. Grades (Trägheitsmoment) für Biegung nach TB 11-3 für Kreisquerschnitt

$$= \frac{\pi}{64} \cdot 40^4 \, \text{mm}^4 = 12,57 \cdot 10^4 \, \text{mm}^4$$

$d = 40 \, \text{mm}$ \qquad\qquad Wellendurchmesser, vgl. Abschnitte vorher

$$f_{\text{res}} = \sqrt{f_x^2 + f_y^2} \le f_{\text{zul}}$$

resultierende Durchbiegung nach Gl. (11.21)

$$= \sqrt{0,0028^2 \, \text{mm}^2 + 0,0078^2 \, \text{mm}^2} = 0,0083 \, \text{mm} < f_{\text{zul}} \ (= 0,04 \, \text{mm})$$

$$f_{\text{zul}} = \frac{m_2}{100}$$

zulässige Durchbiegung nach TB 11-5b)

$$= \frac{4 \, \text{mm}}{100} = 0,04 \, \text{mm}$$

$m_2 = 4 \, \text{mm}$ \qquad\qquad Normmodul der zweiten Übersetzung, vgl. Kap. 5.4.1

Hinweis: Auf die Nachrechnung der Neigung kann wegen des vergleichsweise zentrischen Kraftangriffs durch die beiden Zahnräder verzichtet werden.

5.4.7 Festigkeitsnachweis für den Abtriebswellenzapfen

Am Absatz wird ein Freistich DIN 509 - F1x0,2 unter Beachtung erhöhter Wechselfestigkeit angebracht (vgl. TB 11-4), vgl. auch Bild 5-23.

Statischer Festigkeitsnachweis

Hinweis: Da das Anlaufmoment des Motors unbekannt ist gelten die Annahmen gemäß Hinweis in Kap. 1.4.3.

$$S_F = \frac{1}{\sqrt{\left(\dfrac{\sigma_{b\,\text{max}}}{\sigma_{bF}}\right)^2 + \left(\dfrac{\tau_{t\,\text{max}}}{\tau_{tF}}\right)^2}} \ge S_{F\,\text{min}}$$

Sicherheit gegen Fließen nach R/M: Bild 11-23

$$= \frac{1}{\sqrt{\left(\dfrac{13,3 \, \text{Nmm}^{-2}}{336,3 \, \text{Nmm}^{-2}}\right)^2 + \left(\dfrac{18,0 \, \text{Nmm}^{-2}}{194,2 \, \text{Nmm}^{-2}}\right)^2}} \approx 9,9 > S_{F\,\text{min}} \ (= 1,5)$$

$$\sigma_{b\,max} = \frac{M_{max}}{W_b} \qquad \text{maximale Biegespannung}$$

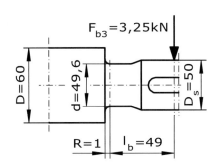

$$= \frac{159,3\cdot10^3\,\text{Nmm}}{12,0\cdot10^3\,\text{mm}^3} = 13,3\,\text{Nmm}^{-2}$$

$$M_{max} = F_{b3}\cdot l_b \qquad \text{maximales Biegemoment}$$

$$= 3,25\,\text{kN}\cdot 49\,\text{mm} = 159,3\,\text{Nm}$$

Bild 5-22 Abtriebswellenzapfen

F_{b3}, l_b Zahnnormalkraft in Mitte Wirkabstand, vgl. Bild 5-22 und Kap. 5.4.2

$$W_b = \frac{\pi}{32}\cdot d^3 \qquad\qquad \text{axiales Widerstandsmoment für Biegung für Kreisquerschnitt nach TB 11-3}$$

$$= \frac{\pi}{32}\cdot 49,6^3\,\text{mm}^3 \approx 12,0\cdot 10^3\,\text{mm}^3$$

$d = 49,6\,\text{mm}$ Durchmesser am Freistich, vgl. Bild 5-22

$$\sigma_{bF} = 1,2\cdot R_{p0,2N}\cdot K_t \qquad \text{Biege-Fließgrenze nach R/M: Bild 11-23}$$

$$= 1,2\cdot 295\,\text{Nmm}^{-2}\cdot 0,95 = 336,3\,\text{Nmm}^{-2}$$

$R_{p0,2N} = 295\,\text{Nmm}^{-2}$ Dehngrenze für E295 nach TB 1-1

$K_t \approx 0,95$ technologischer Größeneinflussfaktor für $d = 50$ mm nach TB 3-11a), Linie 2

$$\tau_{t\,max} = \frac{T_{max}}{W_t} \qquad\qquad \text{maximale Torsionsspannung}$$

$$= \frac{432,5\cdot10^3\,\text{Nmm}}{24,0\cdot10^3\,\text{mm}^3} = 18,0\,\text{Nmm}^{-2}$$

$T_{max} = T_{Ab} = 432,5\,\text{Nm}$ Torsionsmoment an der Abtriebswelle, vgl. Kap. 5.4.1

$$W_t = \frac{\pi}{16}\cdot d^3 \qquad\qquad \text{polares Widerstandsmoment für Torsion für Kreisquerschnitt nach TB 11-3}$$

$$= \frac{\pi}{16}\cdot 49,6^3\,\text{mm}^3 \approx 24,0\cdot 10^3\,\text{mm}^3$$

$$\tau_{tF} = \frac{1,2 \cdot R_{p0,2N} \cdot K_t}{\sqrt{3}}$$ Torsions-Fließgrenze nach R/M: Bild 11-23

$$= \frac{1,2 \cdot 295\,\text{Nmm}^{-2} \cdot 0,95}{\sqrt{3}} = 194,2\,\text{Nmm}^{-2}$$

$$S_{F\,min} = 1,5$$ Mindestsicherheit gegen Fließen nach TB 3-14a)

Dynamischer Festigkeitsnachweis

Wegen des statischen Torsionsanteils vereinfacht sich der Nachweis (vgl. auch Ausführungen zu Kap. 5.4.4).

$$S_D = \frac{1}{\sqrt{\left(\dfrac{\sigma_{ba}}{\sigma_{bGA}}\right)^2 + \left(\dfrac{\tau_{ta}}{\tau_{tGA}}\right)^2}} \geq S_{Derf}$$ Sicherheit gegen Dauerbruch nach R/M: 3-32

$$\rightarrow S_D = \frac{\sigma_{bGA}}{\sigma_{ba}} \geq S_{Derf}$$

$$= \frac{74,2\,\text{Nmm}^{-2}}{13,3\,\text{Nmm}^{-2}} \approx 5,6 > S_{Derf}\,(=1,5)$$

$$\sigma_{bGA} = \frac{\sigma_{bGW}}{1 + \psi_\sigma \cdot \dfrac{\sigma_{mv}}{\sigma_{ba}}}$$ Gestaltsausschlagfestigkeit für den Überlastungsfall 2 (Mittelspannung $\sigma_{bm} = 0$, für wechselnde Biegespannung mit dem Spannungsverhältnis $\kappa = -1 =$ konst.) nach Gl. 3.18b), s. hierzu auch R/M: Bild 3-7

$$= \frac{86,6\,\text{Nmm}^{-2}}{1 + 0,0715 \cdot \dfrac{31,2\,\text{Nmm}^{-2}}{13,3\,\text{Nmm}^{-2}}} \approx 74,2\,\text{Nmm}^{-2}$$

$$\sigma_{bGW} = \frac{K_t \cdot \sigma_{bWN}}{K_{Db}}$$ Gestaltdauerfestigkeit für wechselnd auftretende Biegung nach R/M: Bild 3-32

$$= \frac{1,0 \cdot 245\,\text{Nmm}^{-2}}{2,83} = 86,6\,\text{Nmm}^{-2}$$

$$K_t = 1,0$$ technologischer Größeneinflussfaktor für $d = 50$ mm nach TB 3-11a), Linie 1

$$\sigma_{bWN} = 245\,\text{Nmm}^{-2}$$ Biegewechselspannung für E295 nach TB 1-1

$$K_{Db} = \left(\frac{\beta_{kb}}{K_g} + \frac{1}{K_{O\sigma}} - 1 \right) \frac{1}{K_V}$$

Konstruktionsfaktor für Normalspannung
Gl. (3.16)

$$= \left(\frac{2,4}{0,87} + \frac{1}{0,93} - 1 \right) \frac{1}{1,0} = 2,83$$

$$\beta_{bk} = \frac{\alpha_k}{n_0 \cdot n}$$

Kerbwirkungszahl für Biegespannung nach
Gl. (3.15b)

$$= \frac{3,06}{1,0 \cdot 1,3} \approx 2,4$$

$$\alpha_k = \alpha_{\sigma F} = (\alpha_{\sigma R} - \alpha_{\sigma A}) \cdot \sqrt{\frac{D_1 - d}{D - d}} + \alpha_{\sigma A}$$

Biege-Kerbformzahl für Freistich DIN 509-E1,0x0,2 nach
TB 3-6f) und Bilder 5-22,
5-23c)

$$= (3,7 - 2,9) \cdot \sqrt{\frac{50\,mm - 49,6\,mm}{60\,mm - 49,6\,mm}} + 2,9 \approx 3,06$$

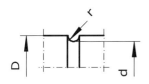 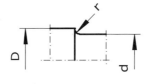 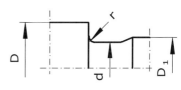

a) Ringnut   b) Absatz   c) Absatz mit Freistich

Bild 5-23 Kerbformen an Wellen

$\alpha_{\sigma R} \approx 3,7$ Biege-Kerbformzahl für Ringnut nach TB 3-6c)

$\alpha_{\sigma A} \approx 2,9$ Biege-Kerbformzahl für Wellen-Absatz nach TB 3-6d)

für $\dfrac{D}{d} = \dfrac{60\,mm}{49,6\,mm} \approx 1,21$ und $\dfrac{r}{d} = \dfrac{1\,mm}{49,6\,mm} \approx 0,02$

D_1, d, D Werte vgl. Bild 5-22

$n_0 = 1,0$ Stützzahl, Stützwirkung bereits über geometrischen Größeneinflussfaktor berücksichtigt, vgl. Legende Gl. (3.15b)

$n \approx 1,3$ Stützzahl nach TB 3-7 unter Berücksichtigung des bezogenen
Spannungsgefälles G' nach TB 3-7c) und der Dehngrenze $R_{p\,0,2}$

$$G' = \frac{2,3}{r} \cdot (1 + \varphi)$$ bezogenes Spannungsgefälle nach TB 3-7c)

$$= \frac{2,3}{1\,mm} \cdot (1 + 0,09) = 2,51\,mm^{-1}$$

$r = R = 1\,\text{mm}$ 　　　　　　　　　　Übergangsradius, vgl. Bild 5-22

$$\frac{(D-d)}{d} = \frac{60\,\text{mm} - 50\,\text{mm}}{50\,\text{mm}} = 0,2$$ 　　Bedingung für Formel zur Beiwertberechnung

$\rightarrow \varphi = \dfrac{1}{\sqrt{8 \cdot (D-d)/r + 2}}$ 　　　　Beiwert zur Ermittlung des bezogenen Spannungs-gefälles

$ = \dfrac{1}{\sqrt{8 \cdot (60\,\text{mm} - 50\,\text{mm})/1\,\text{mm} + 2}} \approx 0,09$

$R_{p0,2} = K_t \cdot R_{p0,2\,N}$ 　　　　　　Dehngrenze allgemein nach Gl. (3.7)

$\phantom{R_{p0,2}} = 0,95 \cdot 295\,\text{Nmm}^{-2} = 280,3\,\text{Nmm}^{-2}$

$K_t \approx 0,95$ 　　　　　　　　　　technologischer Größeneinflussfaktor für $d = 50$ mm nach TB 3-11a), Linie 2

$R_{p0,2\,N} = 295\,\text{Nmm}^{-2}$ 　　　　Dehngrenze für E295 nach TB 1-1

$K_g \approx 0,87$ 　　　　　　　　　　geometrischer Größeneinflussfaktor für $d = 50$ mm nach TB 3-11c)

$K_{O\sigma} \approx 0,93$ 　　　　　　　　Einflussfaktor der Oberflächenrauheit für $R_z = 6,3\,\mu\text{m}$ und $R_m = R_{m\,N} = 490$ Nmm^{-2} nach TB 3-10a)

$K_V = 1,0$ 　　　　　　　　　　　Einflussfaktor für Oberflächenverfestigung nach TB 3-12, keine Einflüsse genannt

$\psi_\sigma = \alpha_M \cdot R_m + b_M$ 　　　　　Mittelspannungsempfindlichkeit nach Gl. (3.19)

$ = 0,00035\,\text{mm}^2\text{N}^{-1} \cdot 490\,\text{Nmm}^{-2} + (-0,1) = 0,0715$

$\left.\begin{array}{l} \alpha_M = 0,00035\,\text{mm}^2\text{N}^{-1} \\[4pt] b_M = -0,1 \end{array}\right\}$ 　　Faktoren zur Berechnung der Mittelspannungsemp-findlichkeit für Walzstahl nach TB 3-13

$R_m = R_{m\,N} = 490\,\text{Nmm}^{-2}$ 　　　Zugfestigkeit für E295 bei $K_t = 1,0$

$\sigma_{mv} = \sqrt{\left(\sigma_{zdm} + \sigma_{bm}\right)^2 + 3 \cdot \tau_{tm}^2}$ 　　Vergleichsmittelspannung nach der GEH für Walz-stähle nach Gl. (3.20)

$\phantom{\sigma_{mv}} = \sqrt{\left(0\,\text{Nmm}^{-2}\right)^2 + 3 \cdot \left(18,0\,\text{Nmm}^{-2}\right)^2} \approx 31,2\,\text{Nmm}^{-2}$

$\sigma_{zdm} = 0$ 　　　　　　　　　　keine Zug-Druckanteile vorhanden

$\sigma_{bm} = 0$ Biegemittelspannung, vgl. Bild 5-17

$\tau_{tm} = \tau_{t\,max} = 18,0\,\text{Nmm}^{-2}$ Torsionsmittelspannung, vgl. Abschnitt zuvor

$\sigma_{ba} = \sigma_{b\,max} = 13,3\,\text{Nmm}^{-2}$ Ausschlagsspannung der Biegebelastung, vgl. Abschnitt zuvor

$S_{D\,erf} = 1,5$ Mindest-Sicherheitswert nach TB 3-14a)

Hinweis: Die relativ hohe Sicherheit zeigt, dass der Wellendurchmesser an dieser Stelle kleiner gewählt werden könnte. Da für den Freistich die Kerbwirkungszahl wesentlich größer ist als für die Passfedernut und hier die Biegespannung vernachlässigbar ist, wird der Festigkeitsnachweis nur für den Freistich durchgeführt. Ein weiterer Festigkeitsnachweis ist für die Abtriebswelle nicht notwendig, da an dieser Stelle die Werte für Biegespannung, Torsionsspannung und die Kerbwirkung ein Maximum darstellen.

5.4.8 Festigkeitsnachweis für die Passfeder (Pos. 3.4) der Abtriebswelle

$$p_m = \frac{2 \cdot T \cdot K_\lambda}{d \cdot h' \cdot l' \cdot n \cdot \varphi} \le p_{zul} \qquad \text{Ermittlung der Flächenpressung nach Gl. (12.1)}$$

$$= \frac{2 \cdot 432,5 \cdot 10^3\,\text{Nmm}^{-2} \cdot 1,20}{50\,\text{mm} \cdot 4,1\,\text{mm} \cdot 65\,\text{mm} \cdot 1 \cdot 1} = 77,9\,\text{Nmm}^{-2} < p_{zul}\ (= 258,0\,\text{Nmm}^{-2})$$

$T = 432,5\,\text{Nm}$ Abtriebsmoment, vgl. Kap. 5.4.1

$K_\lambda = K'_\lambda = 1,20$ Lastverteilungsfaktor nach TB 12-2c), für $l'/d = 66\,\text{mm} / 50\,\text{mm} = 1,32$, Methode B, Einbaufall b), vgl. R/M: Bild 12-4b); l bzw. $n = 1$

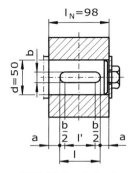

$l' = l - b$ tragende Länge der Passfeder, vgl. Hinweis zu Gl. (12.1)

$= 80\,\text{mm} - 14\,\text{mm} = 66\,\text{mm}$

$l = l_N - 2 \cdot a$ Länge der Passfeder, vgl. auch Vorzugsreihe nach TB 12-2a)

$= 98\,\text{mm} - 2 \cdot 9\,\text{mm} = 80\,\text{mm}$

Bild 5-24 Passfeder der Abtriebswelle

$l_N = 98\,\text{mm}$ Nabenlänge der Ritzels

$l' \le 1,3 \cdot d$ tragende Länge für Berechnung (Grenzkriterium), vgl. Ausführungen Legende Gl. (12.1)

$\le 1,3 \cdot 50\,\text{mm} = 65\,\text{mm}$

$a = 9\,\text{mm}$ Randabstand Nabenrad-Passfeder, frei gewählt

$b = 14\,\text{mm}$ Breite der Passfeder nach TB 12-2a)

$d = 50\,\text{mm}$ Wellendurchmesser der Abtriebswelle

$h' = 0,45 \cdot h$ tragende Passfederhöhe, vgl. Legende Gl. 12.1)
$= 0,45 \cdot 9\,\text{mm} \approx 4,1\,\text{mm}$

$h = 9\,\text{mm}$ Passfederhöhe nach TB 12-2a) für $d = 50$ mm

$n = 1$ Zahl der Passfedern

$\varphi = 1$ Tragefaktor für eine Passfeder

$p_{\text{zul}} = \dfrac{f_\text{S} \cdot R_\text{m}}{S_\text{B}}$ zulässige Flächenpressung des schwächeren Werkstoffs (hier: Nabe)

$= \dfrac{1,5 \cdot 301,0\,\text{Nmm}^{-2}}{1,75} = 258,0\,\text{Nmm}^{-2}$

$f_\text{S} = 1,5$ Stützfaktor für die Nabe nach TB 12-2d)

$R_\text{m} = K_\text{t} \cdot R_{\text{m\,N}}$ Dehngrenze für Nabenwerkstoff
$= 0,86 \cdot 350\,\text{Nmm}^{-2} = 301,0\,\text{Nmm}^{-2}$

$K_\text{t} = 0,86$ techn. Größeneinflussfaktor für Nabendurchmesser $d_4 = 284$ mm (vgl. Kap. 5.4.1) nach TB 3-11b), Linie 4, TB 3-11e) bleibt unberücksichtigt

$R_{\text{m\,N}} = 350\,\text{Nmm}^{-2}$ Dehngrenze für EN-GJMB-350 nach TB 1-2

$S_\text{B} = 1,75$ gemittelte Sicherheit nach TB 12-1b)

5.4.9 Überprüfung der zulässigen Wellenbelastung des E-Motors

$$F_{zul} \approx F_0 + \frac{F_1 - F_0}{l} \cdot l_x \geq F_{vorh}$$

Wellenbelastung im Wirkabstand l_x nach TB 16-21, Fußnote 6

$$\approx 1,59\,kN + \frac{2,04\,kN - 1,59\,kN}{110\,mm} \cdot 45\,mm = 1,77\,kN > F_{vorh}\,(=1,08\,kN)$$

$F_0 = 1,59\,kN$ zul. Wellenbelastung bei $l_x = 0$

$F_1 = 2,04\,kN$ zul. Wellenbelastung bei $l_x = l_{max}$ Werte für E-Motor Baugröße 160M nach TB 16-21

$l = 110\,mm$ Wellenlänge, vgl. Bild 16-21

$l_x = (l_N - b_1) + \dfrac{b_1}{2}$ Kraftangriff in Mitte der Ritzel-breite

$= (80\,mm - 70\,mm) + \dfrac{70\,mm}{2} = 45\,mm$

$l_N = 80\,mm$ Nabenbreite, vgl. Kap. 5.4.5

$b_1 = 70\,mm$ Ritzelbreite, vgl. Kap. 5.4.1

$F_{vorh} = F_{b2} = 1,08\,kN$ Antriebskraft am Antriebsritzel, vgl. Kap. 5.4.2

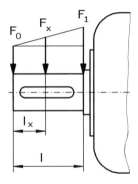

Bild 5-25
Antriebswelle des E-Motors

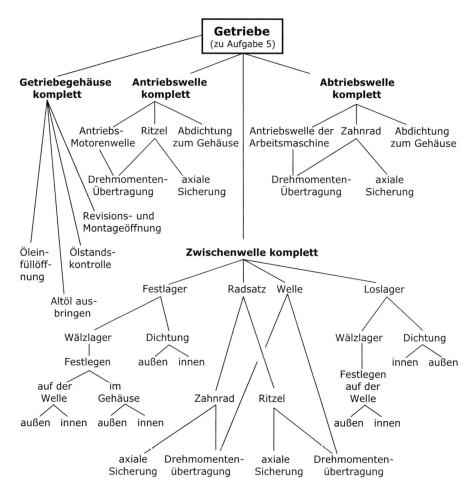

Bild 5-26 Strukturbaum für das Getriebe

6 Konstruktion einer Getriebezwischenwelle

6.1 Aufgabenstellung

Für den Antrieb eines nicht unter Last anlaufenden Flachriementriebes ist eine Vorgelegewelle entsprechend Bild 6-1 zu konstruieren. Bei der Erarbeitung der Konstruktion ist von einer Einzelfertigung auszugehen und eine kostengünstige Lösung anzustreben.

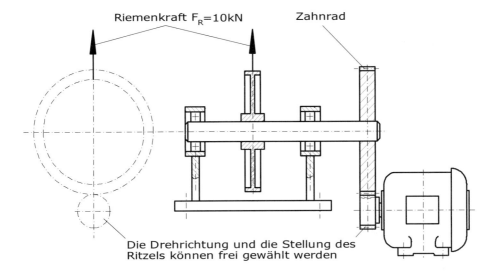

Bild 6-1 Anordnung der Vorgelegewelle

Technische Daten

- Nennleistung des Antriebsmotors: .... $P_n = 22$ kW
- Nenndrehzahl des Antriebsmotors: .... $n_1 = 720$ min^{-1}
- Drehzahl der Vorgelegewelle: .... $n_2 = 200$ min^{-1}
- Modul des geradverzahnten Stirnradgetriebes: .... $m = 6$ mm
- Teilkreisdurchmesser des Antriebritzels: .... $d_1 = 114$ mm
- Zahnrad-Eingriffswinkel für Normalverzahnung: .... $\alpha = 20°$
- Schrägungswinkel (= Geradverzahnung)....................... $\beta = 0°$
- Durchmesser der Flachriemenscheibe: .... $d_R = 300$ mm
- senkrecht nach oben gerichtete resultierende Riemenkraft: .. $F_R = 10$ kN
- Lebensdauer der Wälzlager: .... $L_h = 20\,000$ h
- Anwendungsfaktor: .... $K_A = 1,0$

Umfang der Konstruktionsarbeit

komplette Zwischenwelle mit:

- Zahnrad mit Anbindung an die Zwischenwelle
- Riemenscheibe mit Anbindung an die Zwischenwelle
- Lagerung mittels Wälzlager als Los- und Festlager ausgelegt
- Lagergehäuse (keine Fertiglagergehäuse als Zukaufteile einsetzen) als Schweißkonstruktion mit gemeinsamer Grundplatte.

6.2 Lösungsfindung

Für die Erarbeitung der Lösung zu der gestellten Prüfungsaufgabe steht wesentlich weniger Zeit zur Verfügung als für eine konstruktive Hausarbeit. Es muss daher ein Lösungskonzept überlegt werden, zu dem in dieser Zeit eine konstruktive Zusammenstellungszeichnung mit zugehörigem Festigkeitsnachweis erstellt werden kann. Das bedingt ein Lösungskonzept mit geringem konstruktivem und rechnerischem Aufwand.

Der konstruktive Aufwand wird bei dem hier ausgeführtem Konzept durch den Einsatz einer glatten Welle und möglichst vieler Normelemente vermindert, die vereinfacht dargestellt oder durch die Angabe der Normbezeichnung kenntlich gemacht werden.

Der Berechnungsaufwand wird wesentlich durch die Anordnung der Ritzelstellung beeinflusst. Das Ritzel wird so angeordnet, dass:

- die resultierende Zahnnormalkraft F_Z in der gleichen Ebene liegt wie die resultierende Riemenscheibenbelastung. Dadurch wird die Berechnung der Lagerkräfte F_A und F_B sowie der Biegemomente der Welle nur auf diese Ebene beschränkt.

- die Belastungsrichtung des Zahnrades so angeordnet ist, dass nur für eine Stelle der Welle ein Spannungsnachweis durchgeführt werden muss. Dies ist der Fall, wenn das maximale Biegemoment der Welle Mitte Riemenscheibe liegt. Bei einer Drehmomentübertragung durch eine Passfeder ist hier auch die Kerbwirkung am größten.

Dazu muss die Ritzelstellung entsprechend der Bilder 6-2 oder 6-3 festgelegt werden. Zur Beurteilung der maximalen Biegemomente $M_{b\,max}$ kann von gleichen Abständen der wirkenden Kräften ausgegangen werden, wenn die Nabenlängen der Räder mit $l_N \approx 1{,}2 \cdot d$ nach TB 12-1 als gleich für den Wellendurchmesser d eingesetzt werden und die Lagerbreite B für beide Lager gleich ist. Mögliche Anschlussmaße wie die Breite des Flachriemens oder des Antriebszahnrades bleiben im Rahmen dieser Übungsaufgabe unberücksichtigt.

Qualitative Bestimmung der Richtung der resultierende Zahnkraft F_Z und der Stelle des maximalen Wellenbiegemomentes bei Ritzelstellung 1 und Drehrichtung n_1.

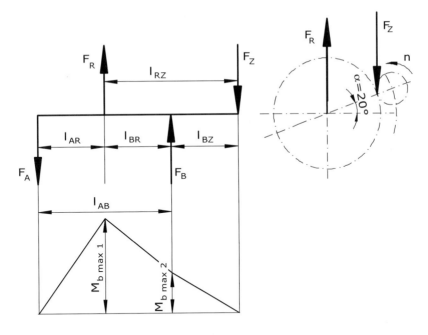

Bild 6-2 Biegemomentenbelastung der Welle bei Ritzelstellung 1

Der Ermittlung des maximalen Wellenbiegemomentes liegt die Annahme zugrunde, dass die Abstände zwischen den Rädern und den Lagern gleich sind. Die entsprechenden Längen ergeben sich als Verhältnisse somit zu $l_{AR} = l_{BR} = l_{BZ} = 1$.

$$\Sigma M_B = 0 = F_A \cdot l_{AB} - F_R \cdot l_{BR} - F_Z \cdot l_{BZ}$$

$$\rightarrow F_A = \frac{F_R \cdot l_{BR} + F_Z \cdot l_{BZ}}{l_{AB}} = \frac{F_R \cdot 1 + F_Z \cdot 1}{2} = \frac{F_R + F_Z}{2}$$

$$M_{b\,max1} = F_A \cdot l_{AR} = \frac{F_R + F_Z}{2} \cdot l_{AR}$$

$$M_{b\,max2} = F_Z \cdot l_{BZ}$$

Qualitative Bestimmung der Richtung der resultierenden Zahnkraft F_Z und der Stelle des maximalen Wellenbiegemomentes bei Ritzelstellung 2 und Drehrichtung n_2.

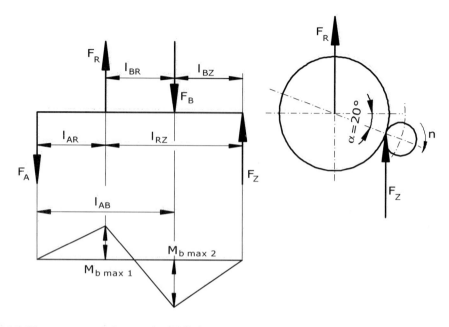

Bild 6-3 Biegemomentenbelastung der Welle bei Ritzelstellung 2

$$\Sigma M_{\mathrm{B}} = 0 = F_{\mathrm{A}} \cdot l_{\mathrm{AB}} - F_{\mathrm{R}} \cdot l_{\mathrm{BR}} + F_{\mathrm{Z}} \cdot l_{\mathrm{BZ}}$$

$$\rightarrow F_{\mathrm{A}} = \frac{F_{\mathrm{R}} \cdot l_{\mathrm{BR}} - F_{\mathrm{Z}} \cdot l_{\mathrm{BZ}}}{l_{\mathrm{AB}}} = \frac{F_{\mathrm{R}} \cdot 1 - F_{\mathrm{Z}} \cdot 1}{2} = \frac{F_{\mathrm{R}} - F_{\mathrm{Z}}}{2}$$

$$M_{\mathrm{b\,max\,1}} = F_{\mathrm{A}} \cdot l_{\mathrm{AR}} = \frac{F_{\mathrm{R}} - F_{\mathrm{Z}}}{2} \cdot l_{\mathrm{AR}}$$

$$M_{\mathrm{b\,max\,2}} = F_{\mathrm{Z}} \cdot l_{\mathrm{BZ}}$$

Für die Belastung der Welle ist die Ritzelstellung 2 die günstigste, da dann die Biegebelastung im Vergleich geringer ist und zu kleineren Abmessungen von Welle, Lagern und den weiteren Anschlussteilen führt. Aus Sicht der Minimierung des Berechnungsaufwandes der Welle ist die Ritzelstellung 1 günstiger, da dann das maximale Biegemoment mit der maximalen Kerbwirkung zusammenfällt. Es muss dann nur für diese Stelle der Festigkeitsnachweis geführt werden. Im Weiteren wird dieses Konzept verfolgt.

6.3 Berechnungen

6.3.1 Bestimmung des Wellendurchmessers

Die Ermittlung des Entwurfdurchmessers erfolgt nach Ablaufplan R/M: Bild 11-21. Der Biegeanteil bleibt zunächst unberücksichtigt und es wird von vergleichsweise kleinen Lagerabständen ausgegangen.

$$d' \approx 3,4 \cdot \sqrt[3]{\frac{M_v}{\sigma_{bD}}}$$

nach Gl. (11.14)

$$= 3,4 \cdot \sqrt[3]{\frac{1230 \cdot 10^3 \, \text{Nmm}}{245 \, \text{Nmm}^{-2}}} = 58,22 \, \text{mm}$$

gewählt: $d = 60$ mm

$$M_v \approx 1,17 \cdot T$$
$$= 1,17 \cdot 1050,5 \, \text{Nm} \approx 1230 \, \text{Nm}$$

Vergleichsmoment nach Ablaufplan R/M: Bild 11.21

$$T = T_2 \approx 9550 \cdot \frac{K_A \cdot P}{n}$$
$$= 9550 \cdot \frac{1,0 \cdot 22 \, \text{kW}}{200 \, \text{min}^{-2}} = 1050,5 \, \text{Nm}$$

das von der Welle zu übertragende Torsionsmoment nach Gl. (11.11), Einheitenwahl vgl. Legende

$$K_A = 1,0$$

Anwendungsfaktor lt. Aufgabenstellung

$$P = P_n = 22 \, \text{kW}$$

Nennleistung des Antriebsmotors lt. Aufgabenstellung

$$n = n_2 = 200 \, \text{min}^{-1}$$

Drehzahl der Vorgelegewelle

$$\sigma_{bD} = K_t \cdot \sigma_{bWN}$$
$$= 1,0 \cdot 245 \, \text{Nmm}^{-2} = 245 \, \text{Nmm}^{-2}$$

Biegedauerfestigkeit für E295

$$K_t = 1,0$$

technologischer Größeneinflussfaktor nach TB 3-11a), Linie 1 für geschätzten Durchmesser ≤ 100 mm

$$\sigma_{bWN} = 245 \, \text{Nmm}^{-2}$$

Biegewechselfestigkeit für Normalstäbe aus E295 nach TB 1-1

6.3.2 Bestimmung der Lager- und Nabenabstände

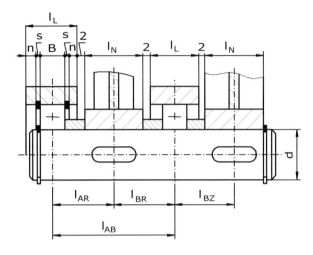

Bild 6-4 Abmessung der Welle

$$l_L = 2 \cdot (n + s) + B \qquad\qquad \text{Lagergehäuselänge}$$

$$= 2 \cdot (6\,\text{mm} + 4\,\text{mm}) + 22\,\text{mm} = 42\,\text{mm}$$

$$l_{AB} = \frac{l_L}{2} + 2\,\text{mm} + l_N + 2\,\text{mm} + \frac{l_L}{2} \qquad \text{Lagerabstand}$$

$$= \frac{42\,\text{mm}}{2} + 2\,\text{mm} + 72\,\text{mm} + 2\,\text{mm} + \frac{42\,\text{mm}}{2} = 118\,\text{mm}$$

$$l_{AR} = l_{BR} = l_{BZ} = \frac{l_L}{2} + 2\,\text{mm} + \frac{l_N}{2} \qquad \text{Räderabstände}$$

$$= \frac{42\,\text{mm}}{2} + 2\,\text{mm} + \frac{72\,\text{mm}}{2} = 59\,\text{mm}$$

Abmessungen der Normelemente für eine Welle ⌀60 mm

Rillenkugellager 6212-RS nach TB 14-1 (vgl. auch Kap. 6.3.5 zur Lagerberechnung)

Wellendurchmesser d = 60 mm

Außendurchmesser der Lager D = 110 mm

Lagerbreite B = 22 mm

Radius r = 1,5 mm

Nabenabmessungen der Räder nach TB 12-1

Nabendurchmesser $D_N \approx 1,8 \cdot d = 1,8 \cdot 60\,\text{mm} \approx 108\,\text{mm}$

Nabenlänge $l_N \approx 1,2 \cdot d = 1,2 \cdot 60\,\text{mm} = 72\,\text{mm}$

Sicherungsring DIN 472 für Bohrungen nach TB 9-7

Lagerbohrungsdurchmesser $D = d_1 = 110$ mm

Ringbreite $s = 4$ mm

Nutbreite $m = 4,15$ mm

Mindestabstand vom Bohrungsende $n = 6$ mm

Passfeder DIN 6885 nach TB 12-2

Breite x Höhe = $b \times h$ = 18 mm x 11 mm

Länge l = 63 mm, vgl. Kap. 6.3.8

Wellen-Nuttiefe $t_1 = 7$ mm

6.3.3 Auslegung des Zahnrades

$$F_{t1,2} = \frac{2 \cdot T_{1,2}}{d_{w1,2}}$$

Nenn-Umfangskraft am Betriebswälzkreis nach Gl. (21.67)

$$= \frac{2 \cdot 1050,5 \text{ kNmm}}{408\,\text{mm}} \approx 5,2\,\text{kN}$$

$$T_{1,2} = T_2 = 1050,5\,\text{Nm}$$

Torsionsmoment der Welle, vgl. Kap. 6.3.1

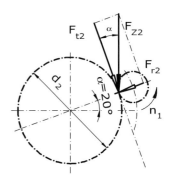

Bild 6-5 Kräfte am Zahnrad

Ermittlung des Teilkreisdurchmessers

$$i = \frac{\omega_1}{\omega_2} = \frac{n_1}{n_2} = \frac{d_{w2}}{d_{w1}} = \frac{z_2}{z_1}$$

Übersetzung des Zahnradtriebes nach Gl. (21.9) mit $d_w = d$ für Nullgetriebe, vgl. Hinweis R/M zu Gl. (21.69)

$$\rightarrow i' = \frac{n_1}{n_2}$$

Übersetzungsverhältnis für die erste Übersetzungsstufe ohne Berücksichtigung einer ganzzahligen Zähnezahl

$$= \frac{720\,\text{min}^{-1}}{200\,\text{min}^{-1}} = 3,6$$

$\rightarrow i' = \dfrac{d_{w2}}{d_{w1}}$ überschlägiger Teilkreisdurchmesser

$\rightarrow d_{w2} = i' \cdot d_{w1}$

$\qquad = 3,6 \cdot 114\,\text{mm} = 410,4\,\text{mm}$

$d_{w1} = d_1 = 114\,\text{mm}$ Teilkreisdurchmesser des treibenden Rades, vgl. Aufgabenstellung

$z_2' = \dfrac{d_{w2}}{m}$ überschlägige Zähnezahl des getriebenen Rades, abgeleitet aus Gl. (21.1)

$\quad = \dfrac{410,4\,\text{mm}}{6\,\text{mm}} = 68,4$

$m = 6\,\text{mm}$ Modul, vgl. Aufgabenstellung

gewählte Zähnezahl: 68 (*Hinweis:* nur ganzzahlige Zähnezahl möglich)

$d_{w2} = m \cdot z_2$ endgültiger Teilkreisdurchmessers des getriebenen Rades

$\quad = 6\,\text{mm} \cdot 68 = 408\,\text{mm}$

$F_Z = F_{Z2} = F_{bn2} = \dfrac{F_{t2}}{\cos \alpha_w}$ Zahnnormalkraft am getriebenen Rad nach Gl. (21.68)

$\quad = \dfrac{5,2\,\text{kN}}{\cos 20°} = 5,5\,\text{kN}$

$F_{t2} = F_{t12} = 5,2\,\text{kN}$ Nennumfangskraft, vgl. Abschnitt zuvor

$\alpha_w = \alpha = 20°$ genormter Eingriffswinkel für Normalverzahnung, vgl. Aufgabenstellung

Hinweis: Durch die Korrektur der Zähnezahl ändert sich die Drehzahl n_2 der Zwischenwelle nur geringfügig. Die Berechnung des Richtdurchmessers sowie weitere Anschlussrechnungen werden deshalb nicht korrigiert.

6.3.4 Bestimmung der Lagerkräfte

$$\Sigma M_B = 0 = F_A \cdot l_{AB} - F_R \cdot l_{BR} - F_Z \cdot l_{BZ}$$

$$\rightarrow F_A = \frac{F_R \cdot l_{BR} + F_Z \cdot l_{BZ}}{l_{AB}}$$

$$= \frac{10\,kN \cdot 59\,mm + 5,5\,kN \cdot 59\,mm}{118\,mm} = 7,8\,kN$$

$$\Sigma F_y = 0 = -F_A + F_R + F_B - F_Z$$

$$\rightarrow F_B = F_A - F_R + F_Z$$

$$= 7,8\,kN - 10\,kN + 5,5\,kN = 3,3\,kN$$

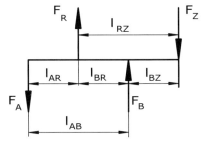

Bild 6-6 Kräfte an der Welle

$l_{AR} = l_{BR} = l_{BZ} = 59\,mm$ Abstandsmaße, vgl. Kap. 6.3.2 und Bild 6-6

$l_{AB} = 118\,mm$ Lagerabstand, vgl. Kap. 6.3.2 und Bild 6-6

$F_R = 10\,kN$ Riemenkraft, vgl. Aufgabenstellung

$F_Z = F_{bn2} = 5,5\,kN$ Zahnnormalkraft, vgl. Kap. 6.3.3

6.3.5 Auslegung der Rillenkugellager

Die dynamische Auslegung ist hinreichend, da im Stillstand keine Kräfte wirken.

$$C_{erf} \geq P \cdot \frac{f_L}{f_n}$$ erforderliche dynamische Tragzahl nach Gl. (14.1)

$$\geq 7,8\,kN \cdot \frac{3,5}{0,55} = 49,6\,kN$$

gewählt: 6212-RS mit $C = 52$ kN

$P = F_A = 7,8\,kN$ dynamische Lagerbelastung (Axialanteil nicht vorhanden)

$f_L \approx 3,5$ Lebensdauer für 20 000 h nach TB 14-5

$f_n \approx 0,55$ Drehzahlfaktor für $n_2 = 200\,min^{-1}$

6.3.6 Festigkeitsnachweis für die Welle

Statischer Festigkeitsnachweis

Hinweis: Da das Anlaufmoment des Motors unbekannt ist gelten die Annahmen gemäß Hinweis in Kap. 1.4.3.

$$S_F = \frac{1}{\sqrt{\left(\dfrac{\sigma_{b\,max}}{\sigma_{bF}}\right)^2 + \left(\dfrac{\tau_{t\,max}}{\tau_{tF}}\right)^2}} \geq S_{F\,min} \qquad \text{Sicherheit gegen Fließen nach R/M: Bild 11-23}$$

$$= \frac{1}{\sqrt{\left(\dfrac{26,6\,\text{Nmm}^{-2}}{329,2\,\text{Nmm}^{-2}}\right)^2 + \left(\dfrac{35,4\,\text{Nmm}^{-2}}{190,1\,\text{Nmm}^{-2}}\right)^2}} \approx 4,9 > S_{F\,min}\ (=1,5)$$

$$\sigma_{b\,max} = \frac{M_{max}}{W_b} \qquad \text{maximale Biegespannung}$$

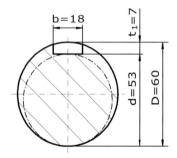

$$= \frac{460,2\cdot10^3\,\text{Nmm}}{17\,300\,\text{mm}^3} = 26,6\,\text{Nmm}^{-2}$$

$$M_{max} = F_A \cdot l_{AR} \qquad \begin{array}{l}\text{Biegemoment Stelle}\\ \text{Passfeder}\end{array}$$

$$= 7,8\,\text{kN} \cdot 59\,\text{mm} = 460,2\,\text{Nm}$$

Bild 6-7
berechneter Wellenquerschnitt

$$F_A = 7,8\,\text{kN} \qquad \text{Lagerkraft in A, vgl. Kap. 6.3.4}$$

$$l_{AR} = 59\,\text{mm} \qquad \text{Abstand Lager A-Riemenscheibe, vgl. Kap. 6.3.2}$$

$$W_b = 0,012\cdot(D+d)^3 \qquad \text{axiales Widerstandsmoment nach TB 11-3}$$

$$= 0,012\cdot(60\,\text{mm} + 53\,\text{mm})^3 \approx 17\,300\,\text{mm}^3$$

$$D = 60\,\text{mm} \qquad \text{Wellendurchmesser, vgl. Bild 6-7}$$

$$d = 53\,\text{mm} \qquad \text{wirksamer Querschnitt, vgl. Bild 6-7 und TB 11-3}$$

$$\tau_{t\,max} = \frac{T_{max}}{W_t} \qquad \text{maximale Torsionsspannung}$$

$$= \frac{1050,5 \cdot 10^3 \, \text{Nmm}}{29\,700 \, \text{mm}^3} \approx 35,4 \, \text{Nmm}^{-2}$$

$T_{\text{max}} = T_2 = 1050,5 \, \text{Nm}$ maximales Torsionsmoment, vgl. Kap. 6.3.1

$W_t = 0,2 \cdot d^3$ polares Widerstandsmoment nach TB 11-3

$\quad\ = 0,2 \cdot 53^3 \, \text{mm}^3 \approx 29\,700 \, \text{mm}^3$

$d = 53 \, \text{mm}$ wirksamer Querschnitt, vgl. Bild 6-7 und TB 11-3

$\sigma_{bF} = 1,2 \cdot R_{p0,2N} \cdot K_t$ Biege-Fließgrenze nach R/M: Bild 11-23

$\quad\ = 1,2 \cdot 295 \, \text{Nmm}^{-2} \cdot 0,93 = 329,2 \, \text{Nmm}^{-2}$

$R_{p0,2N} = 295 \, \text{Nmm}^{-2}$ Dehngrenze für E295 nach TB 1-1

$K_t \approx 0,93$ technologischer Größeneinflussfaktor für $d = 60$ mm nach TB 3-11a), Linie 2

$\tau_{tF} = \dfrac{1,2 \cdot R_{p0,2N} \cdot K_t}{\sqrt{3}}$ Torsions-Fließgrenze nach R/M: Bild 11-23

$\quad\ = \dfrac{1,2 \cdot 295 \, \text{Nmm}^{-2} \cdot 0,93}{\sqrt{3}} = 190,1 \, \text{Nmm}^{-2}$

$S_{F\,\text{min}} = 1,5$ Mindestsicherheitswert gegen Fließen nach TB 3-14a)

Hinweis: Wegen der hohen Sicherheit wird auf eine genaue Ermittlung der erforderlichen Sicherheit nach TB 3-14b) und 3-14c) verzichtet.

Dynamischer Festigkeitsnachweis

Beanspruchungsarten der Welle (siehe hierzu auch R/M: Bild 3-7)

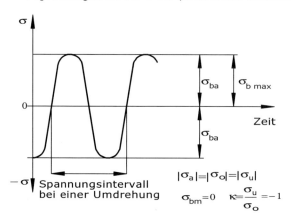

Bild 6-8 Spannungsverlauf der Biegewechselspannung

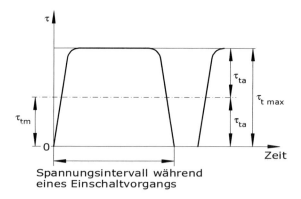

Bild 6-9 Spannungsverlauf der Torsionsschwellspannung bei Aussetzbetrieb

Hinweis: Der Verlauf der Torsionsspannung ist in der Praxis nahezu statisch. Die Betrachtungen hinsichtlich der Festigkeit liegen insgesamt auf der „sicheren Seite", wenn im Weiteren entsprechend mit $\tau_a = \tau_{t\,max}$ gerechnet und der zulässige Wert für Torsionsschwellspannung einbezogen wird.

$$S_D = \cfrac{1}{\sqrt{\left(\cfrac{\sigma_{ba}}{\sigma_{bGW}}\right)^2 + \left(\cfrac{\tau_{ta}}{\tau_{tGW}}\right)^2}} \geq S_{D\,erf}$$

Sicherheit gegen Dauerbruch nach R/M: Bild 11-23

$$= \cfrac{1}{\sqrt{\left(\cfrac{26{,}6\,\text{Nmm}^{-2}}{114{,}0\,\text{Nmm}^{-2}}\right)^2 + \left(\cfrac{17{,}7\,\text{Nmm}^{-2}}{123{,}5\,\text{Nmm}^{-2}}\right)^2}} \approx 3{,}6 > S_{D\,erf}\ (=1{,}5)$$

$\sigma_{ba} = \sigma_{b\,max} = 26{,}6\,\text{Nmm}^{-2}$ Ausschlagspannung der Biegebelastung

$$\tau_{ta} = \frac{\tau_{t\,max}}{2}$$

Ausschlagsspannung der Torsionsbelastung, vgl. Legende zu R/M: Bild 11-23 zur schwellenden Torsionsbelastung

$$= \frac{35{,}4\,\text{Nmm}^{-2}}{2} = 17{,}7\,\text{Nmm}^{-2}$$

$$\sigma_{bGW} = \frac{\sigma_{bWN} \cdot K_t}{K_{Db}}$$

Gestaltwechselfestigkeit

$$= \frac{245\,\text{Nmm}^{-2} \cdot 1{,}0}{2{,}15} \approx 114{,}0\,\text{Nmm}^{-2}$$

$\sigma_{bWN} = 245\,\text{Nmm}^{-2}$ Biegewechselfestigkeit für E295 nach TB 1-1

$K_t = 1{,}0$ technologischer Größeneinflussfaktor für $d = 60$ mm nach TB 3-11a), Linie 1

siehe hierzu auch Diagramme über Spannungsverlauf bzw. R/M: Bild 3-7

$$\tau_{tGW} = \frac{\tau_{tw} \cdot K_t}{K_{Dt}}$$

Gestaltdauerfestigkeit für schwellend auftretende Torsion nach Gl (3.17) bzw. Bild 11-23

$$= \frac{205\,\text{Nmm}^{-2} \cdot 1{,}0}{1{,}66} \approx 123{,}5\,\text{Nmm}^{-2}$$

$\tau_{tw} = \tau_{t\,Sch\,N} = 205\,\text{Nmm}^{-2}$ Dauerschwellfestigkeit für E295 nach TB 1-1

$K_t = 1{,}0$ technologischer Größeneinflussfaktor für $d = 60$ mm nach TB 3-11a), Linie 1

$$K_{\mathrm{Db}} = \left(\frac{\beta_{\mathrm{kb}}}{K_{\mathrm{g}}} + \frac{1}{K_{\mathrm{O}\sigma}} - 1 \right) \frac{1}{K_{\mathrm{V}}}$$

Konstruktionsfaktor für Biegung zur Berücksichtigung der dauerfestigkeitsmindernden Einflüsse nach Gl. (3.16) bzw. R/M: Bild 11-23

$$= \left(\frac{1,8}{0,86} + \frac{1}{0,95} - 1 \right) \frac{1}{1,0} = 2,15$$

$\beta_{\mathrm{kb}} \approx 1,8$

Kerbwirkungszahl für Biegung für Passfedernut nach DIN 6885 mit Nutform N_1 nach TB 3-9b)

$R_{\mathrm{m}} = R_{\mathrm{mN}} = 490\,\mathrm{Nmm}^{-2}$

Zugfestigkeit für Normalstäbe aus E295 nach TB 1-1 mit $K_{\mathrm{t}} = 1,0$ für $d = 60$ mm

$K_{\mathrm{g}} \approx 0,86$

geometrischer Größeneinflussfaktor für $d = 60$ mm nach TB 3-11c)

$K_{\mathrm{O}\sigma} \approx 0,95$

Einflussfaktor der Oberflächenrauheit für Biegespannung und der Rautiefe $R_{\mathrm{Z}} = 4$ μm nach TB 3-10a)

$R_{\mathrm{z}} = 4\,\mu\mathrm{m}$

Rautiefe für feingeschlichtete Welle ⌀60k5 nach ISO 1302 Reihe 3

$K_{\mathrm{V}} = 1,0$

Einflussfaktor der Oberflächenverfestigung bei spanender Fertigung ohne thermische Nachbehandlung nach TB 3-12

$$K_{\mathrm{Dt}} = \left(\frac{\beta_{\mathrm{kt}}}{K_{\mathrm{g}}} + \frac{1}{K_{\mathrm{O}\tau}} - 1 \right) \cdot \frac{1}{K_{\mathrm{V}}}$$

Konstruktionsfaktor für Torsion zur Berücksichtigung der dauerfestigkeitsmindernden Einflüsse nach Gl. (3.16) bzw. R/M: Bild 11-23

$$= \left(\frac{1,4}{0,86} + \frac{1}{0,97} - 1 \right) \cdot \frac{1}{1,0} \approx 1,66$$

$\beta_{\mathrm{kt}} \approx 1,4$

Kerbwirkungszahl für Torsion für Passfedernut nach DIN 6885 mit Nutform N_1 nach TB 3-9b)

$K_{\mathrm{O}\tau} = 0,575 \cdot K_{\mathrm{O}\sigma} + 0,425$

Einflussfaktor der Oberflächenrauheit für Schubspannung mit Formel aus TB 3-10a)

$= 0,575 \cdot 0,95 + 0,425 \approx 0,97$

$S_{\mathrm{Derf}} = 1,5$

Mindest-Sicherheitswert für Dauerfestigkeit nach TB 3-14a), genaue Ermittlung nach TB 3-14b) und 3-14c) verzichtbar

Fazit: Die relativ hohe Sicherheit zeigt, dass der Wellendurchmesser an dieser Stelle kleiner gewählt werden könnte. Ein weiterer Festigkeitsnachweis ist für die Zwischenwelle nicht notwendig, da an dieser Stelle die Biegespannung, die Torsionsspannung und die Kerbwirkung die maximalen Werte haben.

6.3.7 Alternative Bestimmung des erforderlichen Mindestdurchmessers

Alternativ für die Wellendimensionierung nach Kap. 6.3.1 und den Festigkeitsnachweis nach Kap. 6.3.6 kann über eine genauere Dimensionierung der gesamte Rechengang vereinfacht werden.

$$d \geq 2,17 \cdot \sqrt[3]{\frac{M_v}{\sigma_{b\,zul}}}$$

Wellendurchmesser d bis Nutgrund nach Bild 6-7 nach Gl. (11.8)

$$\geq 2,17 \cdot \sqrt[3]{\frac{785,7 \cdot 10^3\,\text{Nmm}}{71,9\,\text{Nmm}^{-2}}} = 48,2\,\text{mm}$$

$$M_v = \sqrt{M^2 + 0,75 \cdot \left(\frac{\sigma_{b\,zul}}{\varphi \cdot \tau_{t\,zul}} \cdot T\right)^2}$$

Vergleichsmoment Mitte Riemenscheibe nach Gl. (11.7)

$$= \sqrt{(460,2\,\text{Nm})^2 + 0,75 \cdot (0,7 \cdot 1050,5\,\text{Nm})^2} = 785,7\,\text{Nm}$$

$M = 460,2\,\text{Nm}$

Biegemoment Mitte Riemenscheibe, vgl. Kap. 6.3.6

$$\frac{\sigma_{b\,zul}}{\varphi \cdot \tau_{t\,zul}} \approx 0,7$$

Anstrengungsverhältnis, vgl. Legende zu Gl. (11.7) und Gl. (3.5)

$T = T_2 = 1050,5\,\text{Nm}$

Torsionsmoment der Welle, vgl. Kap. 6.3.1

$$\sigma_{b\,zul} = \frac{\sigma_{bD} \cdot K_{O\sigma} \cdot K_g \cdot K_\alpha}{\beta_{kb} \cdot S_D}$$

zul. Biegespannung unter Berücksichtigung der festigkeitsmindernden Faktoren

$$= \frac{245\,\text{Nmm}^{-2} \cdot 0,95 \cdot 0,86 \cdot 0,97}{1,8 \cdot 1,5} = 71,9\,\text{Nmm}^{-2}$$

$\sigma_{bD} = \sigma_{bW\,N} \cdot K_t = 245\,\text{Nmm}^{-2}$

$K_{O\sigma} \approx 0,95$

$K_g \approx 0,86$

$\beta_{kb} \approx 1,8$

$S_D = S_{D\,erf} = 1,5$

Werte vgl. Kap. 6.3.6

$K_\alpha = 0,97$

formzahlabhängiger Größeneinflussfaktor für $\beta_{kb} = 1,8$ und $d = 60$ mm nach TB 3-11d)

6.3.8 Festigkeitsnachweis für die Passfeder

Für Passfeder DIN 6885 A18 x 11 x 63 nach TB 12-2a)

$$p_m = \frac{2 \cdot T \cdot K_\lambda}{d \cdot h' \cdot l' \cdot n \cdot \varphi} \leq p_{zul} \qquad \text{Ermittlung der Flächenpressung nach Gl. (12.1)}$$

$$= \frac{2 \cdot 1050,5 \cdot 10^3 \, \text{Nmm} \cdot 1,07}{60 \, \text{mm} \cdot 5 \, \text{mm} \cdot 45 \, \text{mm} \cdot 1 \cdot 1} = 166,5 \, \text{Nmm}^{-2} < p_{zul} \ (= 238,6 \, \text{Nmm}^{-2})$$

$T = T_2 = 1050,5 \, \text{Nm}$ Torsionsmoment der Welle, vgl. Kap. 6.3.1

$K_\lambda = K_\lambda' = 1,07$ Lastverteilungsfaktor nach TB 12-2c), Linie b, für $l'/d = 45 \, \text{mm}$ / $60 \, \text{mm} = 0,75$, Methode B, Einbaufall vgl. R/M Bild 12-4b); l bzw. $n = 1$

$l' = l - b$ tragende Länge der Passfeder, vgl. Hinweis zu Gl. (12.1)
$\quad = 63 \, \text{mm} - 18 \, \text{mm} = 45 \, \text{mm}$

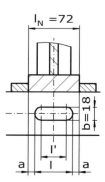

Bild 6-10 Passfederanbindung der Räder an die Welle

$l = l_N - 2 \cdot a$ Länge der Passfeder, vgl. auch Vorzugsreihe nach TB 12-2a)
$\quad = 72 \, \text{mm} - 2 \cdot 4,5 \, \text{mm} = 63 \, \text{mm}$

$l_N = 72 \, \text{mm}$ Nabenlänge der Riemenscheibe, vgl. Kap. 6.3.2

$l' \leq 1,3 \cdot d$ Grenzkriterium, vgl. Ausführungen Legende Gl. (12.1)
$\quad \leq 1,3 \cdot 60 \, \text{mm} = 78 \, \text{mm}$

$a = 4,5 \, \text{mm}$ Randabstand Nabenrand-Passfeder, frei gewählt

$b = 18 \, \text{mm}$ Breite der Passfeder nach TB 12-2a)

$d = 60 \, \text{mm}$ Wellendurchmesser

$h' \approx 0,45 \cdot h$ tragende Passfederhöhe, vgl. Legende Gl. (12.1)
$\quad = 0,45 \cdot 11 \, \text{mm} \approx 5 \, \text{mm}$

$h = 11 \, \text{mm}$ Passfederhöhe aus TB 12-2a) für $d = 60$ mm

$n = 1$ Zahl der Passfedern

$\varphi = 1$ Tragfaktor für eine Passfeder

$$p_{zul} = \frac{f_S \cdot f_H \cdot R_e}{S_F}$$ zulässige Flächenpressung für den schwächeren Werkstoff nach Methode B

$$= \frac{1,5 \cdot 1,0 \cdot 206,8\,\text{Nmm}^{-2}}{1,3} = 238,6\,\text{Nmm}^{-2}$$

$f_S = 1,5$ Stützfaktor für die Nabe nach TB 12-2d)

$f_H = 1,0$ Härteeinflussfaktor für die Nabe nach TB 12-2d)

$R_e = K_t \cdot R_{eN}$

$$= 0,88 \cdot 235\,\text{Nmm}^{-2} = 206,8\,\text{Nmm}^{-2}$$

$K_t = 0,93$ techn. Größeneinflussfaktor für Nabendurchmesser $d = 100$ mm nach TB 3-11a), Linie 2 (Streckgrenze), TB 3-11e) bleibt unberücksichtigt

$R_e = 235\,\text{Nmm}^{-2}$ Streckgrenze für Nabenwerkstoff S235JR nach TB 1-1

$S_F = 1,3$ gemittelte Sicherheit nach TB 12-1b)

6.3.9 Festigkeitsnachweis für den geschweißten Lagerbock

Der Lagerbock A erfährt die größte Belastung als Druckbelastung aufgrund der Ritzelstellung. Bei einer Stumpfnaht (hier eine Doppel-HV-Naht) muss bei endtrichterfreier Ausführung nur die Naht nachgewiesen werden, da sie den gleichen Querschnitt wie das Bauteil aufweist.

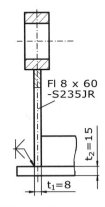

Bild 6-11 Lagerbock

$$\sigma_{\perp d} = \frac{F}{A_w} \leq \sigma_{w\,zul}$$ Druckspannung in der Schweißnaht nach Gl. (6.18) mit A_w nach Bild 6-11

$$= \frac{7,8 \cdot 10^3\,\text{N}}{8\,\text{mm} \cdot 60\,\text{mm}} \approx 16,3\,\text{Nmm}^{-2} < \sigma_{w\,zul}\,(= 98,9\,\text{Nmm}^{-2})$$

$F = F_A = 7,8\,\text{kN}$ höchste Lagerkraft, vgl. Kap. 6.3.4

$\sigma_{w\,zul} = b \cdot \sigma_{w\,zul}^*$ zulässige Schweißnahtspannung

$$= 0,97 \cdot 102\,\text{Nmm}^{-2} = 98,9\,\text{Nmm}^{-2}$$

$b = 0,97$ Dickenbeiwert für $t = 15$ mm nach TB 6-14

$\sigma_{w\,zul}^* = 102\,\text{Nmm}^{-2}$ zul. Spannung für DHV-Nähte an Bauteilen aus S235JR nach Linie E1 (vgl. TB 6-12 Bild 1) bei schwellender Beanspruchung ($\chi = 0$) nach TB 6-13a)

6.4 Konstruktionszeichnung

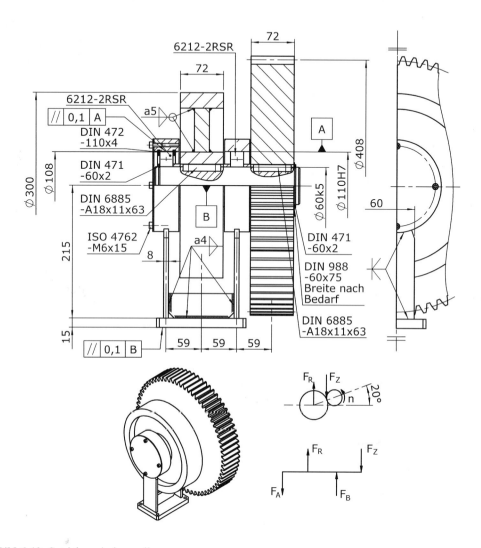

Bild 6-12 Getriebezwischenwelle

Anhang

Beurteilungskriterien:	Fachschule für Technik Maschinenbautechnik	Einzel-note:	Bewertung: Wertzahl · Einzelnote
1 Konstruktionssystematik / Lösungskonzept:		X_1	X_1 · Note
hier wird das Lösungskonzept danach beurteilt, inwieweit es die gestellte Aufgabe erfüllt und der Komplexitätsgrad der Lösung der zur Verfügung stehenden Zeit gerecht wird.			
2 Ausführung der Zeichnung:			
hier wird die Ausführung der Zeichnung beurteilt, dabei werden folgende Kriterien herangezogen: – Übersichtlichkeit – Vollständigkeit – Präzision – Richtigkeit der Darstellung.		X_2	X_2 · Note
folgende Normangaben, deren Richtigkeit und Vollständigkeit: – Einhaltung der Linienstärken – Maße und Passmaße – Form- und Lagetoleranzen – Oberflächenkennzeichen – Schnitt- und Einzelheitangaben – Schweißangaben – sonstige Angaben.		X_3	X_3 · Note
3 Gestaltung:			
3.1 Funktionsbezogen: Hier steht zur Beurteilung an, inwieweit Konstruktionselemente bzw. Bauteile die angestrebte Funktion störungsfrei übernehmen können und ob die Angaben wie Passmaße, Form- und Lagetoleranzen, Oberflächenzeichen usw. ein störungsfreies Funktionieren sicherstellen.		X_4	X_4 · Note
3.2 Fertigungsbezogen: hier steht zur Beurteilung an, inwieweit die zu fertigenden Bauteile unter Berücksichtigung des Fertigungsverfahrens optimal gestaltet worden sind, und ob die Werkstoffauswahl dem Fertigungsverfahren angemessen ist, oder ob die erforderlichen Bauelemente günstiger durch Normteile ersetzt werden können.		X_5	X_5 · Note

3.3 Festigkeitsbezogen: hier wird beurteilt, inwieweit die Dimensionierung der belasteten Bauteile angemessen ist und festigkeitsmindernde Elemente funktions- oder fertigungsbedingt sind und inwieweit sich diese Elemente durch günstigere Alternativen ersetzen lassen, ebenso ob die Werkstoffauswahl den Belastungen angemessen ist.	X_6	$X_6 \cdot$ Note
4 Berechnung:		
4.1 Ausführung und Übersichtlichkeit: hier wird Übersichtlichkeit und Kenntlichmachung der einzelnen Rechenschritte beurteilt.	X_7	$X_7 \cdot$ Note
4.2 überschlägige Entwurfsberechnung: hier wird die Berechnung der Richtabmessungen, wie Wellendurchmesser, Querschnitte von Tragelementen etc. beurteilt und inwieweit Erfahrungsbeiwerte den gestellten Anforderungen angemessen sind.	X_8	$X_8 \cdot$ Note
4.3 Berechnung von Maschinenelementen: hier wird die Richtigkeit und Vollständigkeit der Berechnung aller eingesetzten Norm- und Fertigelemente beurteilt, soweit es die Belastung notwendig macht.	X_9	$X_9 \cdot$ Note
4.4 Festigkeitsnachweise: hier wird die Richtigkeit und Vollständigkeit der Berechnung aller selbstgestalteten Elemente und Bauteile, wie Schweißnähte, Wellen etc. beurteilt, soweit es die Belastung notwendig macht.	X_{10}	$X_{10} \cdot$ Note
5 Gesamtnote: die Gesamtnote wird gebildet, indem die Summe aus Wertzahl mal Note durch die Summe der Wertzahlen geteilt wird.	Gesamtnote:	

A-1 Bewertungsschema einer konstruktiven Hausarbeit

Beurteilungskriterien:	Fachschule für Technik Maschinenbautechnik	Einzel-note:	Bewertung: Wertzahl · Einzelnote
1 Konstruktionssystematik / Lösungskonzept:		$X_1 =$	$X_1 \cdot$ Note
2 Ausführung der Zeichnung:			
hier wird die Ausführung der Zeichnung beurteilt, dabei werden folgende Kriterien herangezogen: – Übersichtlichkeit – Vollständigkeit – Präzision – Richtigkeit der Darstellung.		$X_2 =$	$X_2 \cdot$ Note
folgende Normangaben, deren Richtigkeit und Vollständigkeit: – Einhaltung der Linienstärken – Maße und Passmaße – Form- und Lagetoleranzen – Oberflächenkennzeichen - Schnitt- und Einzelheitangaben – Schweißangaben – sonstige Angaben.		$X_3 =$	$X_3 \cdot$ Note
3 Gestaltung:			
3.1 Funktionsbezogen:		$X_4 =$	$X_4 \cdot$ Note
3.2 Fertigungsbezogen:		$X_5 =$	$X_5 \cdot$ Note
3.3 Festigkeitsbezogen:		$X_6 =$	$X_6 \cdot$ Note

4 Berechnung:		
4.1 Ausführung und Übersichtlichkeit:	$X_7 =$	$X_7 \cdot$ Note
4.2 überschlägige Entwurfsberechnung:	$X_8 =$	$X_8 \cdot$ Note
4.3 Berechnung von Maschinenelementen:	$X_9 =$	$X_9 \cdot$ Note
4.4 Festigkeitsnachweise:	$X_{10} =$	$X_{10} \cdot$ Note
5 Gesamtnote: die Gesamtnote wird gebildet, indem die Summe aus Wertzahl mal Note durch die Summe der Wertzahlen geteilt wird.	Gesamtnote:	

A-2 Bewertungsschema einer konstruktiven Hausarbeit (Kopiervorlage)

F = Forderung W = Wunsch	Nr.	Anforderungen	Datum:	verantwortlich:
	1			

einverstanden:	Fachschule für Technik Maschinenbautechnik	Blatt:1 von

A-3 Anforderungsliste

1	2	3	4	5	6
Pos.	Men-ge	Ein-heit	Benennung	Sachnummer/Norm – Kurzbezeichnung	Bemerkung
1					

				Datum	Name	
						Fachschule für Technik Maschinenbautechnik
				Bearb.		
				Gepr.		
				Norm.		Blatt 1 von
Zust.	Änderung	Datum	Name	(Urspr.)		Ers.f Ers. d.:

A-4 Stückliste

| | Nutzwertanalyse | Blatt: 1 |
| | | von: |

Fachschule für Technik
Maschinenbautechnik

Wertskala nach VDI 2225 mit Punktvergabe P von 0 bis 4:

0 = unbefriedigend, 1 = gerade noch tragbar, 2 = ausreichend, 3 = gut, 4 = sehr gut

Einzelfunktionen	Variante A	K	F	W = K + F	Variante B	K	F	W = K + F
	K = Kosten 1-fach				K = 1 Kosten			
	F = Funktion 2-fach				F = Funktion 2-fach			
	W = Wertzahl				W = Wertzahl			
01								
	Punktzahl P_{ges}				Punktzahl P_{ges}			

A-5 Nutzwertanalyse, einfache Ausführung

![Fachschule für Technik Maschinenbautechnik]	**Nutzwertanalyse**	Blatt: 1 von:

Wertskala nach VDI 2225 mit Punktvergabe P von 0 bis 4:

0 = unbefriedigend, 1 = gerade noch tragbar, 2 = ausreichend, 3 = gut, 4 = sehr gut

Die Bewertungskriterien werden der Anforderungsliste entnommen. Bei Bedarf werden Gewichtungsfaktoren (g) vergeben, wenn die Kriterien nicht gleichwertig sind.

Projekt:

Varianten			A		B		C	
Nr.	Bewertungskriterien	g	P	$P \cdot g$	P	$P \cdot g$	P	$P \cdot g$
1								
	Punktzahl P_{ges}							
	Rangfolge							

Entscheidung / Bemerkungen: Datum:

                                                                             Bearbeiter:

A-6 Nutzwertanalyse, differenzierte Ausführung

Nachschlagewerke Maschinenbau

Böge, Alfred (Hrsg.)
Vieweg Handbuch Maschinenbau
Grundlagen und Anwendungen der Maschinenbau-Technik
19., überarb. u. erw. Aufl. 2008. ca. XXVIII, 1524 S., mit 2022 Abb. u. 441 Tab.
und mehr als 5000 Stichwörtern Geb. ca. EUR 69,90
ISBN 978-3-8348-0487-7

Böge, Alfred (Hrsg.)
Formeln und Tabellen Maschinenbau
Für Studium und Praxis
2007. XIV, 392 S. mit über 1200 Stichworten (Viewegs Fachbücher der Technik)
Br. EUR 24,90
ISBN 978-3-8348-0032-9

Geiger, Walter / Kotte, Willi
Handbuch Qualität
Grundlagen und Elemente des Qualitätsmanagements: Systeme - Perspektiven
5., vollst. überarb. u. erw. Aufl. 2008. XXVI, 596 S. mit 210 Abb. Geb. EUR 49,90
ISBN 978-3-8348-0273-6

Klein, Martin
Einführung in die DIN-Normen
Bearbeitet von Dieter Alex, Andrea Fluthwedel, Wolfgang Goethe, Tim Hofmann,
Gerhard Imgrund, Manfred Kaufmann, Peter Kiehl, Stefan Krebs, Barbara Rasch,
Bärbel Schambach, Alois Wehrstedt
DIN Deutsches Institut für Normung e.V., (Hrsg.)
14., neubearb. Aufl. 2008. 1090 S. mit 2051 Abb. u. 733 Tab. und 352 Bsp. Geb. EUR 64,90
ISBN 978-3-8351-0009-1

**VIEWEG+
TEUBNER**
Abraham-Lincoln-Straße 46
65189 Wiesbaden
Fax 0611.7878-400
www.viewegteubner.de

Stand Juli 2008.
Änderungen vorbehalten.
Erhältlich im Buchhandel oder im Verlag.

Aus dem Programm Maschinenelemente

Muhs, Dieter / Wittel, Herbert / Jannasch, Dieter / Voßiek, Joachim
Roloff/Matek Maschinenelemente
Normung, Berechnung, Gestaltung - Lehrbuch und Tabellenbuch
18., vollst. überarb. Aufl. 2007. XX, 802 S. mit 703 Abb. 74 vollst. durchgerechn. Beispielen und einem Tabellenbuch mit VIII, 222 S. (Viewegs Fachbücher der Technik) Geb. mit CD EUR 36,90
ISBN 978-3-8348-0262-0
Inhalt: Konstruktionsgrundlagen - Toleranzen und Passungen - Festigkeitsberechnung - Tribologie - Kleb- und Lötverbindungen - Schweiß-, Niet- u. Schraubverbindungen - Bolzen- u. Stiftverbindungen - Elastische Federn - Achsen, Wellen, Zapfen - Wellen/Nabenverbindungen - Kupplungen - Bremsen - Wälz- und Gleitlager - Riemen- und Kettentriebe - Rohrleitungen - Dichtungen - Zahnräder und Zahnradgetriebe - Außenverzahnte Stirnräder, Kegelräder, Schraubrad- und Schneckengetriebe

Wittel, Herbert / Muhs, Dieter / Jannasch, Dieter / Voßiek, Joachim
Roloff/Matek Maschinenelemente Formelsammlung
Interaktive Formelsammlung auf CD-ROM
9., akt. Aufl. 2008. 302 S. Br. mit CD EUR 20,90
ISBN 978-3-8348-0534-8
Inhalt: Toleranzen, Passungen, Oberflächenbeschaffenheit - Festigkeitsberechnung - Tribologie - Kleb- und Lötverbindungen - Schweiß-, Niet- und Schraubenverbindungen - Bolzen- und Stiftverbindungen - Federn - Achsen, Wellen - Wellen-/ Nabenverbindungen - Kupplungen - Wälz- und Gleitlager - Riemen- und Kettentriebe - Dichtungen - Zahnradgetriebe - Außenverzahnte Stirnräder, Kegelräder, Schraubrad- und Schneckengetriebe

Muhs, Dieter / Wittel, Herbert / Jannasch, Dieter / Voßiek, Joachim
Roloff/Matek Maschinenelemente Aufgabensammlung
Aufgaben, Lösungshinweise, Ergebnisse
14., vollst. überarb. Aufl. 2007. VI, 336 S. mit 436 Abb.
(Viewegs Fachbücher der Technik) Br. EUR 26,00
ISBN 978-3-8348-0340-5
Inhalt: Fragen - Aufgaben - Lösungshinweise - Ergebnisse zu den Kapiteln des Lehrbuchs Roloff/Matek Maschinenelemente

VIEWEG+ TEUBNER
Abraham-Lincoln-Straße 46
65189 Wiesbaden
Fax 0611.7878-400
www.viewegteubner.de

Stand Juli 2008.
Änderungen vorbehalten.
Erhältlich im Buchhandel oder im Verlag.